网络空间安全专业规划教材

总主编　杨义先　　执行主编　李小勇

移动应用安全分析

王浩宇　徐国爱　郭　耀　著

北京邮电大学出版社
www.buptpress.com

内 容 简 介

在移动智能终端和多样的移动应用给用户带来便利的同时，移动平台上各种新的安全与隐私问题也日益凸显。本书从多个维度对移动应用安全分析的相关技术进行全面系统的介绍，包括基本技术原理、工具使用、学术前沿成果、技术应用场景示例，以及研究挑战和未来方向等。第1章对移动安全领域所需掌握的研究背景知识进行简要概述；第2章介绍移动应用安全分析基础，包括常用的分析技术和分析工具；第3～6章主要介绍静态分析技术的原理和基本应用；第7章介绍移动应用动态分析技术，包括动态沙箱和自动化测试技术；第8章以移动应用广告安全分析为实例，介绍如何将静态分析技术与动态分析技术相结合来解决研究中的问题；第9章介绍如何结合移动应用分析以及系统优化来解决安全问题和防范隐私泄露；最后，第10章对移动应用安全分析领域的研究挑战与未来方向进行总结。

本书可作为计算机、网络与信息安全专业方向的高年级本科生及研究生的教材，或作为相关研究人员及爱好者的参考书。

图书在版编目(CIP)数据

移动应用安全分析 / 王浩宇，徐国爱，郭耀著. -- 北京 ：北京邮电大学出版社，2019.8
ISBN 978-7-5635-5796-7

Ⅰ. ①移… Ⅱ. ①王… ②徐… ③郭… Ⅲ. ①移动终端－应用程序－程序设计－安全技术
Ⅳ. ①TN929.53

中国版本图书馆 CIP 数据核字(2019)第 161460 号

书　　名：移动应用安全分析
作　　者：王浩宇　徐国爱　郭　耀
责任编辑：毋燕燕
出版发行：北京邮电大学出版社
社　　址：北京市海淀区西土城路 10 号(邮编：100876)
发 行 部：电话：010-62282185　传真：010-62283578
E-mail：publish@bupt.edu.cn
经　　销：各地新华书店
印　　刷：北京玺诚印务有限公司
开　　本：787 mm×1 092 mm　1/16
印　　张：10.5
字　　数：273 千字
版　　次：2019 年 8 月第 1 版　2019 年 8 月第 1 次印刷

ISBN 978-7-5635-5796-7　　定价：26.00 元

序

Prologue

作为最新的国家一级学科，由于其罕见的特殊性，网络空间安全真可谓是典型的“在游泳中学游泳”。一方面，蜂拥而至的现实人才需求和紧迫的技术挑战，促使我们必须以超常规手段来启动并建设好该一级学科；另一方面，由于缺乏国内外可资借鉴的经验，也没有足够的时间纠结于众多细节，所以，作为当初“教育部网络空间安全一级学科研究论证工作组”的八位专家之一，我有义务借此机会，向大家介绍一下 2014 年规划该学科的相关情况，并结合现状，坦诚一些不足，以及改进和完善计划，以使大家有一个宏观了解。

我们所指的网络空间，也就是媒体常说的赛博空间，意指通过全球互联网和计算系统进行通信、控制和信息共享的动态虚拟空间。它已成为继陆、海、空、太空之后的第五空间。网络空间里不仅包括通过网络互联而成的各种计算系统(各种智能终端)、连接端系统的网络、连接网络的互联网和受控系统，也包括其中的硬件、软件乃至产生、处理、传输、存储的各种数据或信息。与其他四个空间不同，网络空间没有明确的、固定的边界，也没有集中的控制权威。

网络空间安全，研究网络空间中的安全威胁和防护问题，即在有敌手对抗的环境下，研究信息在产生、传输、存储、处理的各个环节中所面临的威胁和防御措施，以及网络和系统本身的威胁和防护机制。网络空间安全不仅包括传统信息安全所涉及的信息保密性、完整性和可用性，同时还包括构成网络空间基础设施的安全和可信。

网络空间安全一级学科，下设五个研究方向：网络空间安全基础、密码学及应用、系统安全、网络安全、应用安全。

方向 1，网络空间安全基础，为其他方向的研究提供理论、架构和方法学指导；它主要研究网络空间安全数学理论、网络空间安全体系结构、网络空间安全数据分析、网络空间博弈理论、网络空间安全治理与策略、网络空间安全标准与评测等内容。

方向2,密码学及应用,为后三个方向(系统安全、网络安全和应用安全)提供密码机制;它主要研究对称密码设计与分析、公钥密码设计与分析、安全协议设计与分析、侧信道分析与防护、量子密码与新型密码等内容。

方向3,系统安全,保证网络空间中单元计算系统的安全;它主要研究芯片安全、系统软件安全、可信计算、虚拟化计算平台安全、恶意代码分析与防护、系统硬件和物理环境安全等内容。

方向4,网络安全,保证连接计算机的中间网络自身的安全以及在网络上所传输的信息的安全;它主要研究通信基础设施及物理环境安全、互联网基础设施安全、网络安全管理、网络安全防护与主动防御(攻防与对抗)、端到端的安全通信等内容。

方向5,应用安全,保证网络空间中大型应用系统的安全,也是安全机制在互联网应用或服务领域中的综合应用;它主要研究关键应用系统安全、社会网络安全(包括内容安全)、隐私保护、工控系统与物联网安全、先进计算安全等内容。

从基础知识体系角度看,网络空间安全一级学科主要由五个模块组成:网络空间安全基础、密码学基础、系统安全技术、网络安全技术和应用安全技术。

模块1,网络空间安全基础知识模块,包括:数论、信息论、计算复杂性、操作系统、数据库、计算机组成、计算机网络、程序设计语言、网络空间安全导论、网络空间安全法律法规、网络空间安全管理基础。

模块2,密码学基础理论知识模块,包括:对称密码、公钥密码、量子密码、密码分析技术、安全协议。

模块3,系统安全理论与技术知识模块,包括:芯片安全、物理安全、可靠性技术、访问控制技术、操作系统安全、数据库安全、代码安全与软件漏洞挖掘、恶意代码分析与防御。

模块4,网络安全理论与技术知识模块,包括:通信网络安全、无线通信安全、IPv6安全、防火墙技术、入侵检测与防御、VPN、网络安全协议、网络漏洞检测与防护、网络攻击与防护。

模块5,应用安全理论与技术知识模块,包括:Web安全、数据存储与恢复、垃圾信息识别与过滤、舆情分析及预警、计算机数字取证、信息隐藏、电子政务安全、电子商务安全、云计算安全、物联网安全、大数据安全、隐私保护技术、数字版权保护技术。

其实,从纯学术角度看,网络空间安全一级学科的支撑专业,至少应该平等地包含信息安全专业、信息对抗专业、保密管理专业、网络空间安全专业、网络安全与执法专业等本科专业。但是，由于管理渠道等诸多原因，我们当初只重点考虑了信息安全专业，所以，就留下了一些遗憾，甚至空白，比如，信息安全心理学、安全控制论、安全系统论等。不过值得庆幸的是，学界现在已经开始着手，填补这些空白。

北京邮电大学在网络空间安全相关学科和专业等方面，在全国高校中一直处于领先水平，从20世纪80年代初至今，已有30余年的全方位积累，而且，一直就特别重视教学规范、课程建设、教材出版、实验培训等基本功。本套系列教材主要是由北京邮电大学的骨干教师们，结合自身特长和教学科研方面的成果，撰写而成。本系列教材暂由《信息安全数学基础》《网络安全》《汇编语言与逆向工程》《软件安全》《网络空间安全导论》《可信计算理论与技术》《网络空间安全治理》《大数据安全与隐私保护》《数字内容安全》《量子计算与后量子密码》《移动终端安全》《漏洞分析技术实验教程》《网络安全实验》《网络空间安全基础》《信息安全管理（第3版）》《网络安全法学》《信息隐藏与数字水印》等20余本本科生教材组成。这些教材主要涵盖信息安全专业和网络空间安全专业，今后，一旦时机成熟，我们将组织国内外更多的专家，针对信息对抗专业、保密管理专业、网络安全与执法专业等，出版更多、更好的教材，为网络空间安全一级学科提供更有力的支撑。

杨义先

教授、长江学者

国家杰出青年科学基金获得者

北京邮电大学信息安全中心主任

灾备技术国家工程实验室主任

公共大数据国家重点实验室主任

2017年4月，于花溪

前言

Foreword

随着移动互联网时代的到来,移动智能终端快速发展。在移动智能终端和多样的移动应用给用户带来便利的同时,移动平台上各种新的安全与隐私问题也日益凸显。一方面,移动平台的恶意软件增长迅速,这些恶意软件会在用户不知情的情况下,从事恶意扣费、系统破坏、隐私窃取等恶意行为,给用户带来经济损失,造成隐私泄露风险等问题。另一方面,很多移动应用的行为与用户的隐私信息十分相关,由于智能手机上储存着用户的各种隐私信息(如联系人、银行账户、照片、地理位置信息等),这些信息很容易被移动应用所获取。因此,移动平台上的安全与隐私问题更为用户所关注。

本书对移动应用安全分析的相关技术进行全面系统的介绍,包括基本的技术原理、主流工具的使用、学术前沿成果、丰富的技术应用场景示例,以及研究挑战和未来方向。本书涵盖的研究内容包括移动应用隐私分析、第三方库检测和安全分析、应用重打包检测、基于元信息的安全分析、动态分析、广告安全分析和细粒度隐私保护等移动安全领域主流研究方向。

本书第1章对移动应用生态系统中存在的安全和隐私问题进行简要综述,作为移动安全领域的研究背景。第2章作为移动应用分析的基础,对Android虚拟机、Android安全机制、APK的基本组成、移动应用的常用分析技术和分析工具进行了详细介绍。第3~5章主要介绍静态分析技术,其中第3章主要介绍Android平台上的权限问题以及权限机制优化的相关研究,第4章着重介绍了移动应用中第三方库的检测方法,第5章介绍了移动应用重打包检测的方法和工具使用。第6章对基于元信息的移动应用安全分析技术进行总结并介绍如何结合自然语言处理和程序分析技术进行安全检测。第7章介绍移动应用动态分析技术,包括动态沙箱和自动化测试技术。第8章以移动应用广告安全分析为实例,介绍如何将静态分析技术与动态分析技术相结合来解决研究中的问题。第9章介绍如何结合应用分析以及系统优化来解决移动应用中的安全漏洞和隐私泄露问题。最后,作者在第10章对移动应用安全分析领域的研究挑战与未来方向进行了总结。

读者通过本书的学习,可以了解移动安全前沿研究内容和方向,掌握移动应用分析基础,搭建自己的移动应用安全分析环境,实现和改进现有的分析技术,结合多种分析工具来解决实际的移动安全问题。

本书作为网络空间安全专业的教材，主要面向的读者包括计算机、网络与信息安全专业方向的高年级本科生及研究生。由于本书中引用了大量前沿的学术成果以及总结了相关研究问题和挑战，本书也适用于移动安全和软件分析等相关领域的研究者、从业人员及爱好者等学习参考。

本书在编写过程中参考和引用了大量的移动安全领域国内外专家和学者的研究成果，在此谨向所有专家、学者以及参考文献的编著者表示衷心的感谢！本书在编写过程中得到了很多专家和同行们的鼎力相助，感谢北京大学陈向群教授、北京邮电大学张淼副教授等为本书提供的宝贵建议。本书中也包含了作者的很多研究成果，在此向所有的研究合作者包括陈向群教授、董枫博士、李承泽博士、李元春博士、马子昂、王靖瑜等表示感谢！最后，感谢董枫、杨昕雨、张程鹏、胡阳雨、刘天铭等同学对部分章节进行校对和帮助，加快了本书的顺利完成！

本书是作者多年来的成果以及集体智慧的结晶，本书已经尽力覆盖移动应用安全分析的方方面面，但书中内容还不尽成熟，难免有错漏之处，恳请读者批评指正。

目录

Contents

第 1 章 绪　论

近年来移动智能终端快速发展，智能手机已经融入人们的日常生活中。在移动智能终端和移动应用给用户带来便利的同时，移动平台上各种新的安全和隐私问题也日益凸显。一方面，移动平台的恶意软件(malware)增长迅速，这些恶意软件会在用户不知情的情况下，从事恶意扣费、系统破坏、隐私窃取等行为，给用户带来经济损失和隐私泄露问题。仅 2018 年 360 互联网安全中心就检测到超过 400 万个恶意应用，共感染 1.1 亿人次，大部分恶意应用存在资费消耗和恶意扣费等行为，恶意应用呈现家族化趋势。另一方面，虽然很多移动应用不属于恶意应用，但是其行为与用户的隐私信息十分相关，例如获取用户的联系人信息和地理位置信息用于定制化广告服务、第三方分析或者其他跟应用功能相关的服务等。智能手机上储存着用户的各种隐私信息(如联系人、银行账户、照片、地理位置信息等)，这些信息很容易被应用所获取，因此移动平台上的安全与隐私问题更为用户所关注。

本章将对移动应用生态系统中的安全和隐私问题进行简要综述，作为移动安全领域的研究背景。而在后续章节中会对部分安全问题进行展开介绍，主要从研究角度来讲述相关研究领域的发展现状、常用技术和工具使用。

1.1 移动应用生态系统

如图 1-1 所示，数十亿的移动应用用户，上千万的移动应用，数以百万计的移动应用开发者，上万种定制化手机和操作系统，以及数以千计的移动应用分发渠道，共同组成了庞大的移动应用生态系统。

图 1-1　移动应用生态系统的组成部分

（1）移动终端用户：截至2017年，全球移动终端用户数量已经超过50亿，其中超过一半的用户是智能手机用户，这些用户是移动应用生态系统中的强大驱动力。

（2）移动应用：移动应用发展飞速，目前Google Play和iOS App Store中均有超过两百万的移动应用。根据App Annie的报告，移动应用产业规模预计将在2021年达到6.3万亿美元的规模。

（3）移动应用开发者：目前有超过12 00万名移动应用开发者，其中超过一半的开发者关注于Android生态系统，包括正常的开发者和恶意开发者。

（4）手机和操作系统：移动平台主要包括iOS和Android两大生态系统。iOS作为封闭的操作系统，在系统更新、安全防护方面具有优势。而Android作为一个开放的平台，各种手机厂商和开发者都可以对系统进行定制化，因此系统版本众多，碎片化严重。

（5）移动应用分发渠道：移动应用有着多种分发渠道。对于iOS应用，用户主要从iOS App Store进行应用下载和安装，由于应用市场有着较强的应用审查机制，因此恶意应用较难进入iOS应用市场来感染用户。而对于Android应用，除了Google Play官方市场，用户还可以从各种第三方市场和论坛网站等分发渠道进行应用的下载。据不完全统计，Android应用至少有数千种不同的分发渠道，而这些分发渠道也带来很多安全隐患。此外，很多应用可以通过移动广告渠道进行传播。

整个移动应用生态系统庞大且复杂，存在大量的安全漏洞和隐私泄露问题亟待解决。因此，近些年来移动应用安全问题广泛受到学术界的关注。

从终端用户角度出发，由于大部分的安全问题都是由于终端用户没有安全意识造成的，因此很多研究关注于如何帮助终端用户更好地理解应用的隐私行为（如分析隐私信息使用意图以及对应用进行隐私评级），如何鉴别危险应用和区分可靠的应用分发渠道，以及如何避免安全漏洞带来的风险。

从移动应用角度出发，海量应用中存在各种安全威胁，包括恶意应用、盗版应用、欺诈行为、安全漏洞和隐私风险等，如何发现并检测新的安全威胁一直是学术界研究的热点。

从应用开发者角度出发，由于大部分安全和隐私问题都能够追溯到开发者，因此如何帮助开发者构建更安全的移动应用，以及如何检测恶意及垃圾开发者是很多研究关注的内容。

从手机和操作系统角度考虑，系统碎片化现象导致了严重的安全漏洞和兼容性问题，很多研究关注于如何对系统进行优化来解决这些问题。此外，如何在智能终端运行不可靠的应用以及对应用行为进行细粒度的访问控制限制，也是移动安全领域研究的重点。

从应用分发渠道考虑，由于应用市场中具有海量应用，如何对应用市场进行安全风险评估，以及如何对海量应用进行快速分析和检测，也是研究的重点。

本书主要关注于Android平台的安全和隐私问题，原因如下：（1）Android是一个开放并且被广泛使用的操作系统平台。截止到2018年，Android拥有移动市场超过88%的占有率。同时，由于Android系统的开源性，研究者可以在Android平台上修改代码或构建原型系统进行实验验证，而且Android应用比较容易下载及分析。（2）Android平台的安全和隐私问题相对严峻。移动平台上超过97%的恶意软件都是针对Android平台，同时Android平台上权限滥用以及隐私泄露的情况普遍存在。因此，本书在后续章节进行介绍时，不加特殊说明的情况下，移动应用及应用均指Android移动应用。但本书中所涉及的安全分析技术较为通用，其相关原理和思想也可用于iOS平台移动应用的安全分析场合。

1.2 移动应用生态系统中的安全和隐私威胁

移动应用生态系统中的安全和隐私威胁总体来看主要包括三部分:安全漏洞、恶意软件和隐私泄露。

1.2.1 安全漏洞

移动平台的安全漏洞可以划分为系统级漏洞(内核漏洞)和应用级漏洞。

1. 系统级漏洞

由于Android系统的开放性,在系统的演化过程中不断被曝出很多严重的安全漏洞。从CVE统计上来看,2017年和2018年发现漏洞最多的前五款软件产品如表1-1所示。可以看到,Android系统一直属于存在漏洞最多的系统之一。系统级漏洞给智能终端带来巨大的安全威胁。

一方面,很多系统级漏洞属于Root提权漏洞,能够被恶意利用获得高风险的权限,进行控制手机。在Android系统的发展中,出现过很多知名的提权漏洞,包括CVE-2009-2692(由sock_sendpage方法的空指针解引用造成),CVE-2011-3874(由libsysutils.so中的栈溢出问题造成),CVE-2012-0056,CVE-2011-1823,CVE-2012-4220,CVE-2013-6282,CVE-2014-3153,CVE-2015-3636等,感兴趣的读者可以深入了解。

另一方面,系统级漏洞也对移动应用本身带来很多安全问题,即使应用本身并不存在恶意行为。例如,Android系统中的签名漏洞不断被曝出,包括早期的三个Master Key漏洞、FAKE ID漏洞和后来的Janus漏洞等。这些漏洞会导致使用Android V1签名机制(本书第2章会对签名机制详述)的应用出现严重的安全隐患,能够被攻击者恶意修改而不影响应用本身签名。

表1-1 漏洞最多的软件系统[①]

2017年出现漏洞最多的软件系统(基于CVE统计)			
软件系统	厂商名称	类型	漏洞数目
Android	Google	操作系统	842
Linux Kernel	Linux	操作系统	454
iPhone OS	Apple	操作系统	387
Imagemagick	Imagemagick	应用	357
Mac OS X	Apple	操作系统	299
2018年出现漏洞最多的软件系统(基于CVE统计)			
Debian Linux	Debian	操作系统	950
Android	Google	操作系统	611
Ubuntu Linux	Canonical	操作系统	494
Enterprise Linux Server	Redhat	操作系统	394
Enterprise Linux Workstation	Redhat	操作系统	378

① https://www.cvedetails.com/top-50-products.php? year=2017

2. 应用级漏洞

即移动应用本身存在的安全漏洞，一方面包括通用的加密漏洞、随机数漏洞、SQL 注入漏洞等，另一方面也包括 Android 应用所特有的组件交互漏洞和 WebView 远程代码执行漏洞等。由于移动终端进行漏洞利用的特殊性，近年来也出现很多组合攻击漏洞，例如"应用克隆"漏洞。近年来移动应用的安全事件中，超过一半都是由于应用本身的缺陷和漏洞造成的。

应用级漏洞可以由应用本身代码引入，也可以由应用嵌入的第三方库引入。Android 应用开发者绝大多数都是小型公司和独立开发者，往往缺少大公司常备的代码审计和代码安全规范检查，也缺乏足够的安全编程意识，使得 Android 应用的安全隐患尤为严重。此外，即使一些大公司开发的应用和 SDK 中也经常存在高危安全漏洞。例如，百度 MOPLUS 第三方 SDK 中的高危漏洞"虫洞"(Wormhole)影响了上万个流行应用以及数百万用户，该漏洞允许 APP 在未经用户授权情况下安装运行其他 APP、推送页面通知、访问修改联系人、得到位置信息、发送仿冒短信等。Facebook 和 Dropbox 等应用也都曾被发现存在严重的安全漏洞。因此，移动平台的漏洞风险影响很大，漏洞检测和验证的研究至关重要。大量研究工作提出通过静态分析、模糊测试、深度学习等技术进行自动化程序漏洞挖掘，但自动化漏洞检测的误报率相对较高，需要大量人工进一步进行漏洞机理分析。

1.2.2 恶意软件(恶意应用)

近年来，移动平台恶意应用增长飞速，并且不断出现新型恶意应用和攻击手段。根据《移动互联网恶意代码描述规范》定义，移动应用的主要恶意行为包括恶意扣费、信息窃取、远程控制、恶意传播、资费消耗、系统破坏、诱骗欺诈、流氓行为八大类，如表 1-2 所示。除了传统的恶意载荷(malicious payload)以外，移动平台也出现了各种新型恶意应用。例如，勒索应用在近年来成爆发趋势，挖矿木马随着区块链的兴起也逐渐增多，各种仿冒应用和克隆应用源源不断。

恶意应用传播的主要方式是应用重打包，即通过反编译合法应用，植入恶意代码，重新编译并打包应用的方式。研究表明，超过 80%的恶意应用都是通过重打包方式传播。此外，很多恶意应用家族通过应用更新时传播。即在安装之后，应用通知用户有新的版本，当用户安装更新后，新的版本包含恶意功能。著名的 DroidKungFu 恶意应用家族即通过这种方式传播。因此，Google Play 要求其市场中的应用在发布之后，只能通过 Google Play 升级应用，而不能通过应用的本地服务器进行更新。但国内市场中的大部分应用还是可以通过本地更新。此外，还有很多恶意应用通过偷渡式下载(drive-by download)方式传播，即很多正常应用中可能嵌入恶意的广告来传播恶意应用。

近年来，大量的研究工作针对移动平台恶意应用进行检测，提出了包括基于静态行为特征、动态信息流分析、机器学习等各种方法的检测技术。然而，恶意应用也存在大量的对抗手段，包括字符串混淆、API 反射、攻击代码动态加载、攻击方式本地化(隐藏于 native 代码)、应用加壳、反调试等各种方式，给恶意应用的检测增大了难度。

表 1-2 移动应用的恶意行为分类①

类　型	描　述
恶意扣费	在用户不知情或未授权的情况下，通过隐蔽执行、欺骗用户点击等手段，订购各类收费业务或使用移动终端支付，导致用户经济损失的，具有恶意扣费属性
信息窃取	在用户不知情或未授权的情况下，获取涉及用户个人信息、工作信息或其他非公开信息的，具有信息窃取属性
远程控制	在用户不知情或未授权的情况下，能够接受远程控制端指令并进行相关操作的，具有远程控制属性
恶意传播	自动通过复制、感染、投递、下载等方式将自身、自身的衍生物或其他恶意程序进行扩散的行为，具有恶意传播属性
资费消耗	在用户不知情或未授权的情况下，通过自动拨打电话，发送短信、彩信、邮件，频繁连接网络等方式，导致用户资费损失的，具有资费消耗属性
系统破坏	通过感染、劫持、篡改、删除、终止进程等手段导致移动终端或其他非恶意软件部分或全部功能、用户文件等无法正常使用的，干扰、破坏、阻断移动通信网络、网络服务或其他合法业务正常运行的，具有系统破坏属性
诱骗欺诈	通过伪造、篡改、劫持短信、彩信、邮件、通讯录、通话记录、收藏夹、桌面等方式，诱骗用户，而达到不正当目的的，具有诱骗欺诈属性
流氓行为	执行对系统没有直接损害，也不对用户个人信息、资费造成侵害的其他恶意行为，具有流氓行为属性

1.2.3 隐私泄露

当前的移动平台（尤其是 Android 平台）上广泛存在权限滥用（permission abuse）的问题。很多应用经常申请不必要的敏感权限，使用户隐私信息面临被泄露的风险。在用户不知情的情况下，很多应用会获取并泄露用户的隐私信息。如图 1-2 所示，手电筒应用“Brightest Flashlight”会获取用户的 GPS 位置信息和设备唯一标识符（UDID）。很显然，这些权限与这些应用的功能没有直接关联，如果可以选择，很多用户会禁止这些权限的使用。虽然很多应用不属于恶意应用的范畴，但它们的行为严重侵害了用户隐私。因此，在移动安全领域，大量的研究工作关注于移动平台的隐私泄露问题。一方面，通过信息流追踪等技术检测应用的隐私泄露行为。另一方面，分析应用的隐私信息使用是否合理，主要用到的技术包括分析应用行为与应用描述或者应用隐私条例的一致性，推测隐私信息使用意图等。

图 1-2 移动平台的隐私滥用示例

① 参考《移动互联网恶意代码描述规范》。

1.3 Android 生态系统中安全威胁的根源

Android 生态系统中的安全问题，主要由于其开放性和安全机制的不完善导致，下面对这些安全威胁的根源进行归纳总结，有助于后续章节的安全分析。

1. 开放的平台和应用市场

与 iOS 封闭的应用市场相反，Android 采用开放的系统和应用市场。Android 用户可以从 Google Play 以及众多第三方市场来下载应用。据统计分析，Android 应用的分发渠道有上千种。然而，众多应用分发渠道良莠不齐，不同市场之间，应用的质量相差巨大，因此很多应用市场成为恶意应用的主要传播途径。对于 Google Play 官方市场来说，尽管 Google 采用各种方法来对应用的安全性进行审核(如 Google Bouncer 安全服务)，然而不断有新型恶意应用在 Google Play 中出现。由于审查机制的不严格，第三方市场中存在更多的恶意应用和盗版应用。此外，第三方市场中的应用由于更新不及时，存在大量的低质应用和更多的安全漏洞。研究表明，第三方市场在应用更新、虚假应用、应用质量、重打包应用、恶意应用等方面均远落后于 Google Play。

2. Android 应用很容易被反编译和重打包

Android 应用主要使用 Java 语言编写，很容易被反编译和重打包，目前有很多反编译工具可以使用。如图 1-3 所示，一个正常的应用能够被恶意开发者/黑客反编译，加入恶意代码或者对应用原功能进行修改，之后重新打包并且发布到应用市场中。在这种情况下，收费应用能够被破解为免费应用，应用中的广告库或者广告 ID 能够被攻击者替换掉来谋取利益，更为严重的是攻击者可以插入恶意代码来传播恶意应用。根据研究表明，各类第三方市场中大概有 10%左右的应用都属于重打包应用，存在大量的安全风险。解决该问题的一种方式是通过应用混淆和加固，目前市场中也有很多的混淆工具和加固工具可以使用，例如梆梆加固和爱加密等。然而，混淆和加固只是增加了破解的难度，恶意攻击者也有很多种方式进行对抗，例如各种脱壳和反混淆技术。

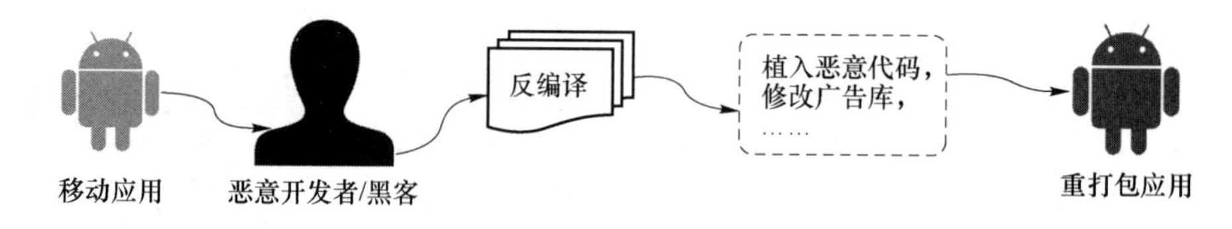

图 1-3　应用重打包过程示例

3. 开放的交互方式

Android 应用由四大组件构成，包括 activity、service、content provider、broadcast receiver。组件之间(应用内或者跨应用)可以进行灵活的交互，这样可以实现方便的消息传递和功能复用。然而，灵活的组件交互方式也带来了很多安全隐患，大大增加了应用的受攻击面。例如，受权限保护的组件如果开放出去(即其他组件或应用可以调用)，则有可能造成权限提升攻击。例如，应用 1 没有 P1 权限，因此应用 1 的组件 C1 不能直接访问被权限 P1 所保护的资源 R1。然而，应用 2 拥有 P1 权限，并且应用 2 的组件 C2 没有权限保护。因此，组件 C1 可以通过调用组件 C2 和 C3 来访问资源 R1，并不需要 P1 权限。应用 2 在攻击中作为代理。此外，移动应用中 Activity 组件劫持、任务劫持等安全问题均是由组件开放的交互方式导致。

4. 缺少对第三方库的管理和安全控制

第三方库是移动应用的重要组成部分，包括广告库、社交网络库、开发工具库等。研究表明，Android 应用中平均超过 60%的代码都属于第三方库。第三方库不仅给应用分析带来困难，同时也带来很多安全和隐私风险。一方面，第三方库和应用本身共享同一套权限，Android 系统并没有对其权限隔离(例如，并没有实施类似浏览器中的同源策略保护)。因此很多第三方库中存在提权/越权行为，即在动态运行时检查宿主应用是否拥有敏感权限，从而借机提升权限并在后台收集用户隐私信息和执行敏感操作。另一方面，很多第三方库中存在安全漏洞，例如百度的广告 SDK 中存在的虫洞漏洞等给成千上万个应用带来安全风险。研究表明，大部分开发者没有对第三方库进行及时更新，导致大部分应用中使用的第三方库存在安全漏洞。此外，研究表明，很多广告库中传播的内容也存在安全风险，移动广告平台是传播恶意应用和虚假应用的主要渠道之一。

5. 不完善的权限机制

Android 系统使用基于权限的访问控制机制，即对敏感资源的访问需要申请相关权限。尽管 Android 系统的权限机制经过了多次演化(本书第 3 章将会进行详细介绍)，然而权限机制仍然存在不完善的地方。例如，大多数用户无法了解应用使用权限的意图，也没法对其进行细粒度的访问控制。目前的权限访问机制采用“全有或者全无”(all-or-nothing)的方案，即要么允许应用使用某个权限的所有行为，要么禁止应用使用该权限，而不能根据应用的行为选择性地赋予其权限。一个应用可将同一权限用于多种不同行为，如使用位置信息进行地图搜索、地理位置标记、定制化广告、第三方信息收集和分析等。然而，移动用户无法准确了解应用会如何使用隐私信息，更不能根据用户隐私偏好对隐私信息使用进行细粒度控制。如图 1-4 所示，同一个应用可以使用敏感权限做多种事情，但用户无法指定只允许应用使用位置信息做地图搜索(查餐馆)，而不能用来做定制化广告和第三方信息分析。

图 1-4 基于意图的细粒度访问控制图示

6. 系统碎片化严重

Android 作为一个开放的平台，各种手机厂商和开发者都可以对系统进行定制化，因此系统版本众多，碎片化现象严重。一方面，大量移动终端设备没有更新到最新的系统版本，因此存在安全漏洞。截止到 2018 年 10 月，仅有 10%的 Android 设备升级到了 8.0 系统以上版本。另一方面，Android 智能终端第三方刷机现象严重，恶意应用可以被预装到第三方 ROM 中进行传播，这也是移动应用生态系统中一直存在的黑产现象。

7. 签名机制的缺陷

Android 从发布之初开始,就一直使用 JAR 包的签名的方式(V1 签名)。由于 V1 签名机制不是整个 APK 级别的保护,而仅针对单个 ZIP 条目进行校验,因此会存在不少安全隐患,大多数已知安全漏洞正是由于 V1 签名的防护缺陷导致。尽管 Google 在 Android 7.0 引入 V2 签名机制,并且在 Android 9.0 引入了 V3 签名机制,但应用市场中绝大部分应用还是使用 V1 签名,导致应用能够被恶意篡改。本书将在第 2 章中详述 Android 应用的签名机制。

8. 侧信道攻击面范围广

智能手机中集成了大量传感器,包括重力传感器、加速度传感器、光照传感器、陀螺仪等。然而,大部分传感器没有权限保护,这样就造成了攻击者可以在没有利用漏洞的情况下,通过系统中暴露的侧信道信息进行攻击,推断出用户的隐私信息。已有研究表明,攻击者可以根据手机中传感器中数据的变化来推测用户输入、用户的位置等敏感信息。

1.4 本章小结

本章对移动应用生态系统进行了简要介绍,并且详述了其中存在的主要安全和隐私问题。本章作为移动安全领域的研究背景,需要读者理解并熟悉。总体来看,移动应用生态系统存在很多机遇和挑战,也有很多研究难点待解决。本书后续章节中,作者将对部分提到的问题进行展开介绍,主要从研究角度来讲述相关研究领域的发展现状、技术和工具使用。

第 2 章 移动应用安全分析基础

Android应用使用Java和C/C++语言开发，在程序编译过程中，源代码被编译成Dalvik字节码并打包成APK，运行在系统的独立内存空间中。对移动应用的安全分析中，首先需要了解Android安全机制，掌握APK的基本组成，以及熟练使用APK的反编译和基本分析工具。因此，本章将从这几点入手介绍移动应用安全分析基础。

2.1 Android虚拟机

Android系统早期使用Dalvik Virtual Machine (DVM)作为其虚拟机。Dalvik虚拟机是Google等厂商合作开发的Android移动设备平台的核心组成部分之一，它可以支持已转换为.dex(Dalvik Executable)可执行格式的Java应用程序和基于ARM/Thumb指令集的Native代码运行。DEX格式是专为Dalvik虚拟机设计的一种压缩格式，适合内存和处理器速度有限的系统。所有的Android应用都运行在系统进程里，每个进程对应着一个Dalvik虚拟机实例。每个实例均提供对象生命周期管理、堆栈管理、线程管理、安全和异常管理以及垃圾回收等重要功能，各自拥有一套完整的指令系统。

从Android 5.0起，随着硬件性能提升、操作系统发展以及版权等诸多因素，Android Runtime(ART)取代Dalvik成为系统内默认虚拟机，直接执行机器码和Native代码。尽管APK直接运行在Dalvik虚拟机，或者经过优化后运行在ART环境，但依然按照Dalvik指令格式进行编译。

本章首先对Java(JVM)、DVM和ART虚拟机做介绍和对比，使读者可以对Android应用的运行环境有一个基本认识。

表2-1为JVM、DVM和ART虚拟机运行环境特点的对比情况。

表 2-1 JVM/DVM/ART虚拟机对比

	JVM	DVM	ART
架构	基于栈	基于寄存器	基于寄存器
可执行文件	JAR/.class	APK/DEX/ODEX	APK/DEX/ODEX/OAT
主要指令集	Java指令集	Dalvik指令集	Dalvik指令集
运行环境	共享虚拟机、共享资源	独享虚拟机、共享资源	独享虚拟机、共享资源
程序加载机制	即时编译与自适应编译并存	即时编译	预编译
时间效率	与机器码相比执行慢	安装快，执行慢	安装慢，执行快
空间效率	—	程序文件小	程序文件大

(1) 在虚拟机架构方面,JVM 采用基于栈的架构,保证了 Java 程序具有非常好的跨平台特性,执行效率相对来说较低;DVM 和 ART 采用基于寄存器的架构,损失一定跨平台特性,但代码执行效率高。

(2) 在可执行文件方面,JVM 运行程序主要是由若干. class 文件、可执行库文件和资源文件等打成的 JAR 包等;DVM 和 ART 运行程序为由 DEX、可执行库文件和资源文件等打包而成的 APK 包,程序安装过程中或出于特定效率要求下,DEX 文件经过优化得到可执行的 ODEX 文件或 OAT 文件。

(3) 在指令集方面,JVM 采用 Java 指令集;DVM 和 ART 主要采用 Dalvik 指令集。

(4) 在运行环境方面,运行在同一个操作系统中的多个 Java 程序通常共用一个 JVM,JVM 负责不同程序间的资源分配;而对于 Dalvik 和 ART 来说,在系统启动加载后生产第一个 Zygote 虚拟机,每个应用启动时复制该虚拟机,并独立占用一个 DVM 或 ART 环境,不同运行环境通过系统框架层共享底层资源、数据和相关类库等。

(5) 从程序加载机制、时间和空间效率来说,JVM 可按即时编译和自适应编译并存的方式对 Java 程序进行加载,当一部分代码准备首次执行时,JVM 按照即时编译方式将这部分代码编译后执行,当部分代码被多次执行并达到一定阈值时,JVM 会采用自适应编译的方式对这部分代码进行编译以提高高频代码的执行效率;DVM 采用即时编译方式进行程序加载,应用程序每次加载运行时,字节码都需要通过即时编译器生成机器码,导致运行效率较低;ART 采用预编译的方式进行程序加载,在应用程序安装时,字节码就通过预编译的方式生成机器码,程序执行时直接加载机器码执行,执行效率高但也会占用较多的空间资源。

2.2 Android 安全机制

出于对系统、应用和用户数据的安全性考虑,Android 继承 Linux 系统安全机制并对其进行扩展,加入沙箱、权限等 Android 特有的基本安全机制;为保证进程间的控制和数据交换,系统提供了 IPC 机制;为保证应用开发的扩展性、提供用户使用的方便性,系统提供了 ICC 机制。这些安全运行机制,保证了 Android 应用的良好用户体验和高强度安全机制。

2.2.1 沙箱机制

Android 应用运行在系统相互独立的进程空间中。在应用安装过程中,Android 为应用分配不同的 UID,即属于不同用户。系统应用 UID 值小于 10 000,用户应用 UID 值大于 10 000。应用卸载并重新安装后,其 UID 发生改变。每个应用运行在独立进程空间中,资源彼此隔离,形成操作系统级别的应用程序沙箱,如图 2-1 所示。沙箱机制为应用提供了一种相对隔离的环境,也为不同应用提供了一种相互访问的限制。

图 2-1 中,应用沙箱中包括 Linux 进程空间(如 Dalvik/ART 虚拟机实例、代码、数据、堆栈等)和程序资源文件,应用实际上运行于沙箱中 Dalvik/ART 虚拟机实例中。Android 系统启动时,通过 app_process 创建第一个 Zygote 进程,初始化第一个虚拟机实例;应用启动时,系统创建虚拟机副本实例,为新虚拟机进程和相关资源分配 UID,形成应用沙箱。

系统默认情况下会为不同应用分配不同 UID,确保彼此隔离。但有些情况下,由相同开发者开发的不同应用之间需要受信任的访问权限。Android 提供共享 UID 机制，使具备信任关系的多个应用运行在同一个进程空间中，如图 2-2 所示。

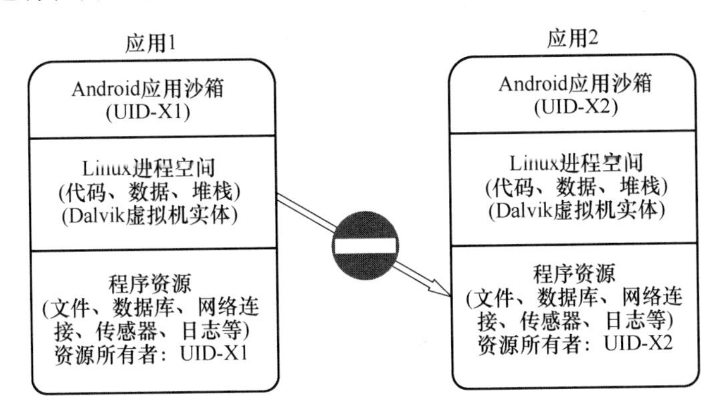

图 2-1　应用运行在独立的进程空间

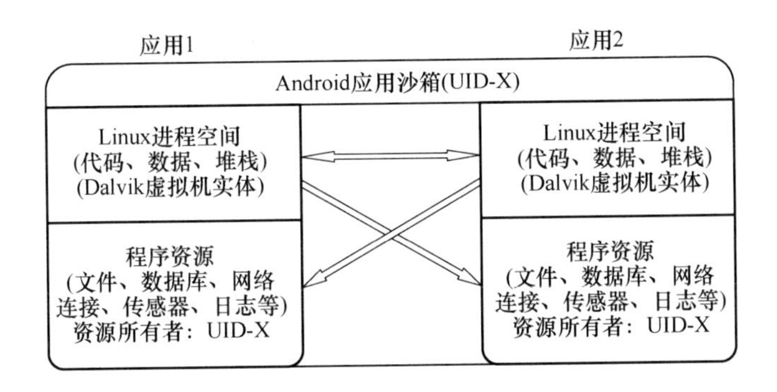

图 2-2　应用共享 UID

共享 UID 的多个应用 UID 相同，此时多个应用共享代码、数据和资源的访问。共享 UID 机制要求共享的多个应用使用相同的开发者证书进行签名发布，并且需要在 Android Manifest 文件中通过 android:sharedUserId 属性为它们分配相同的 UID。

2.2.2　权限机制

1. Android 权限机制概述

Android 平台使用基于权限的安全机制来限制第三方应用访问系统资源及用户隐私信息。目前 Android 平台有超过 100 多种系统权限，包括访问相机权限(CAMERA)，访问网络权限(INTERNET)，拨打电话号码权限(CALL_PHONE)，读取联系人权限(READ_CONTACT)等。

Android 系统权限的数量随着系统版本的更新一直在增加，增加的权限不仅是对权限细化，而且还包括对新硬件特性的支持等。Android 系统使用安装时权限控制。为了执行某些敏感操作(例如与系统资源进行交互、访问隐私信息)，在安装应用时必须向用户申请权限。应用须在其配置描述文件 AndroidManifest. xml 中显示申请的权限。

Android 的权限保护等级划分为四类。

(1) 正常(normal)：应用级的权限，对系统不会造成危害，例如 SET_WALLPAPER 权限。在安装应用的时候，系统会自动授予权限给应用而不需要用户的参与。

(2) 危险(dangerous)：高危险的权限，允许访问隐私数据，以及操作有可能对系统造成危害的功能，例如 READ_CONTACTS 权限。系统不会自动授予权限给应用，需要应用在 AndroidManifest.xml 中声明所需要的权限，并且由用户同意之后才能安装应用并获得相应权限。

(3) 签名(signature)：只有当应用所用数字签名与声明权限的应用所用数字签名相同时，才能将权限授予它。

(4) 签名或系统(signature-or-system)：只能赋予安装在系统镜像中的系统级应用或者应用所用数字签名与声明权限的应用所用数字签名相同。

目前，Android 的危险权限一共有 10 组，共 26 个，如表 2-2 所示。在 Android 6.0 之后的应用动态权限申请中，若同一组的任何一个权限被授权，其他权限也自动被授权。例如，一旦应用申请 WRITE_CONTACTS 权限被授权，该应用在使用 READ_CONTACTS 和 GET_ACCOUNTS 时不需要再次经过用户同意。

表 2-2 Android 系统中的危险权限以及权限组①

权限组	危险权限
CALENDAR	READ_CALENDAR WRITE_CALENDAR
CALL_LOG	READ_CALL_LOG WRITE_CALL_LOG PROCESS_OUTGOING_CALLS
CAMERA	CAMERA
CONTACTS	READ_CONTACTS WRITE_CONTACTS GET_ACCOUNTS
LOCATION	ACCESS_FINE_LOCATION ACCESS_COARSE_LOCATION
MICROPHONE	RECORD_AUDIO
PHONE	READ_PHONE_STATE READ_PHONE_NUMBERS CALL_PHONE ANSWER_PHONE_CALLS ADD_VOICEMAIL USE_SIP
SENSORS	BODY_SENSORS
SMS	SEND_SMS RECEIVE_SMS READ_SMS RECEIVE_WAP_PUSH RECEIVE_MMS
STORAGE	READ_EXTERNAL_STORAGE WRITE_EXTERNAL_STORAGE

① https://developer.android.com/guide/topics/permissions/overview

2. Android 权限机制的演化

Android 系统使用安装时权限控制，在 Android 早期版本中（Android 4.3 之前），用户安装应用时只能同意应用申请的所有权限，或者不安装应用。如图 2-3(a)所示，用户不能以一种细粒度的方式来拒绝权限请求（即只同意部分权限请求），而且在应用安装之后将不能修改其权限。这种权限机制一直被研究者以及用户所诟病，因此很多相关研究以及第三方系统和工具都提出了对应用的权限管理功能。在 Android 4.3 中，系统引入了实用的权限管理功能 App Ops，可以让用户自定义应用所能够获取的权限，如图 2-3(b)所示。除此之外，用户可以使用各种第三方权限控制工具，例如 LBE 权限管理来对应用的权限进行设置。在 Android 6.0 (Marshmallow)中，系统引入了运行时权限控制机制，对于某些敏感权限允许用户在该应用第一次使用时进行控制，如图 2-3(c)所示，在第一次使用敏感权限时会询问用户是否同意。能够在运行时控制的权限包括身体传感器（body sensors）、日历、摄像头、通讯录、地理位置、麦克风、电话、短信和存储空间权限等。这是 Android 权限机制演化的三个重要阶段。

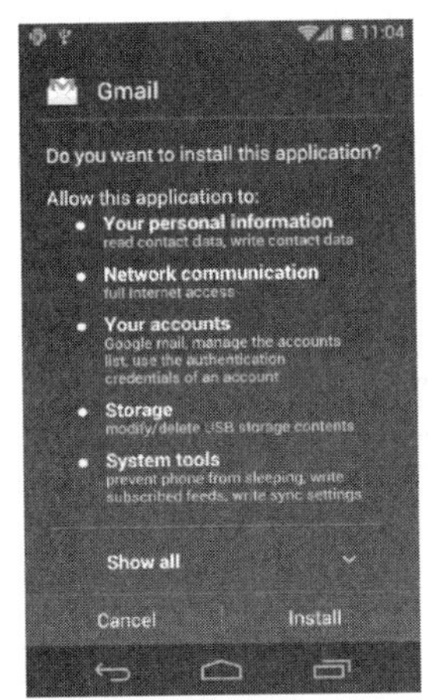

(a) 安装时权限申请

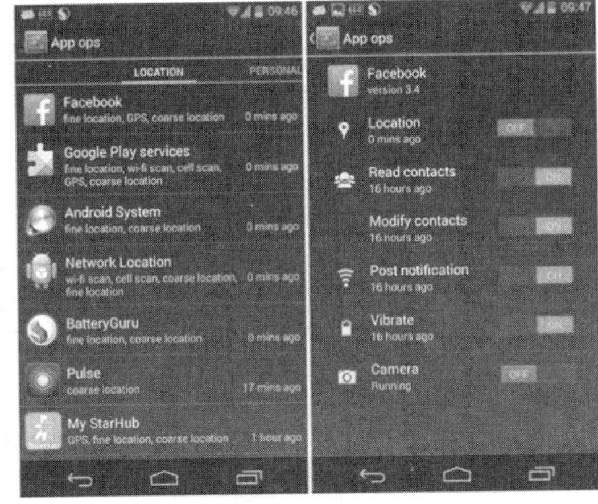

(b) Android 4.3引入应用权限管理功能

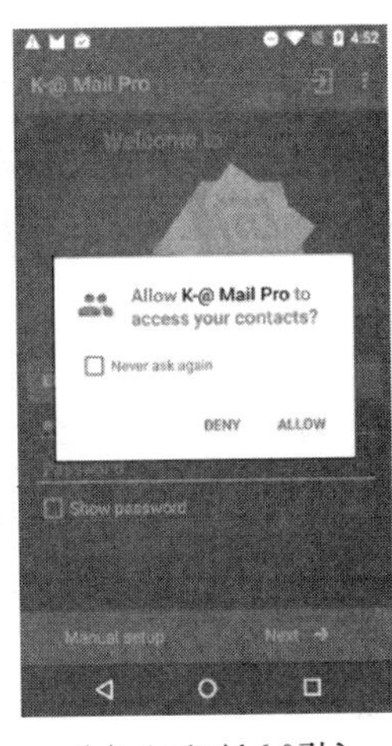

(c) Android 6.0引入运行时权限控制

图 2-3　Android 系统权限控制机制的演化

3. Android 的权限控制机制原理

Android 的权限控制分为两部分：一部分是由 Android 系统服务来控制的，另一部分是由 Linux 内核控制的。

Android 系统服务所保护的资源是没有直接涉及硬件的资源，包括通讯录和位置信息等。例如，当一个应用程序试图访问当前设备的 GPS 位置信息时，它会首先通过 Binder 机制[①]来调用位置服务 LocationManagerService 的一个接口。然后，LocationManagerService 会检查该应用是否具有 ACCESS_FINE_LOCATION 的权限。权限检查会传递到应用管理服务 PackageManagerService 中，由其查看应用的权限。根据查询的结果，LocationManagerService 会接受或拒绝应用的资源请求。

Linux 内核控制的权限与硬件相关，比如访问网络等权限。Android 直接使用 Linux 的

① Binder 是一种在 Android 中广泛使用的远程过程调用接口，在后续章节会进行介绍。

用户权限控制机制。当应用在安装的时候，系统会给应用程序分配一个 Linux User ID (UID)。根据应用申请的权限，系统会把 UID 添加到相应的权限组中。例如，如果应用在配置中声明了 INTERNET 权限，那么在安装时这个应用对应的 UID 将会被加到 inet 组中。注意，两个不同应用不能运行在相同的进程中，它们会被当作不同的 Linux 用户来运行。但开发者可以在 Manifest 中使用 sharedUserId 属性来指定不同应用有相同的 User ID，这样它们将会被当作同一应用，会有相同的 User ID 和文件权限。只有两个应用的签名一致且声明相同的 sharedUserId 才会被给予相同的 User ID。

2.2.3 通信机制

Binder 是 Android 特有的 IPC 方式，是一种面向对象的远程过程调用。如图 2-4 所示为 Android 系统中 Binder IPC 的工作原理。

Binder 机制由四个部分组成，即驱动(Driver)、服务管理器(Service Manager)、服务端(Server)和客户端(Client)。驱动位于 Andorid 系统内核空间中，是整个机制的核心，通过文件系统的标准接口(如 open、ioctl、mmap 等)，向用户空间提供服务，其主要功能是提供通信信道，维护 Binder 对象的引用计数，转换传输中的 Binder 实体对象和引用对象，管理数据缓存区等；服务管理器是一个守护进程，主要功能是提供 Binder 服务查询功能，返回被查询服务的引用等。

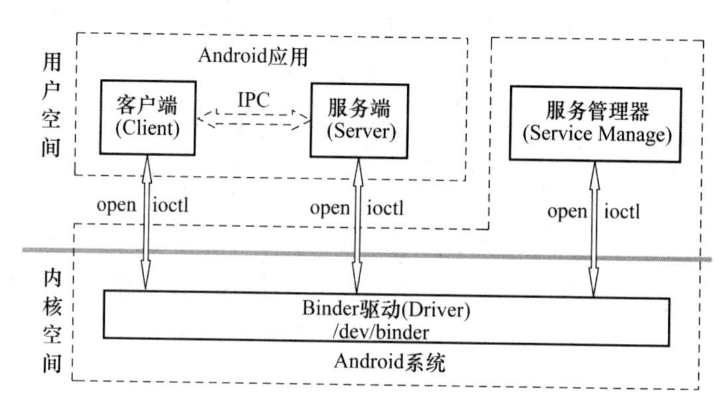

图 2-4 Binder 进程间通信机制原理图

Client、Server、Manager 三者之间无法直接通信，三者通过 Driver 实现相互之间的通信。Client 与 Server 进行 IPC 前，Server 需通过 Driver 注册到 Manager 中；IPC 过程中，Client 通过 Driver 到 Manager 中查询，Manager 为其返回 Binder 引用对象，最终实现 Client 到 Server 的进程间通信。Binder 机制具有高性能、高稳定性、高安全性、面向对象等诸多优势，是 Android 系统最重要的运行机制之一。

Android 中不同应用之间、应用与系统之间需要 IPC，由于 IPC 相对来说较为底层且过于复杂，因此 Android 从架构上模糊进程的概念，取而代之以组件的概念。Android 应用由界面(Activity)、服务(Service)、内容提供器(Content Provider)和广播接收器(Broadcast Receiver)四种基本组件以及若干种其他类型组件共同组成，每种组件都有各自的生命周期，在程序运行的不同阶段执行不同生命周期函数。因此，尽管 Android 应用没有 main 函数，却存在大量程序入口点。图 2-5 所示为 Activity 类型组件的生命周期。

组件间的控制传递和数据交换形成 Android 特有的 ICC 机制，IPC 为 ICC 机制提供底层支持。ICC 机制允许系统和应用之间、应用与应用之间进行数据交换，使模块化设计和功能重用成为可能。例如，社交网络和移动支付的发展，促进了社交分享、移动支付等 SDK 的发展，越来越多的服务提供商通过 SDK 为其他应用提供服务，也有越来越多的应用通过接入 SDK 来进一步提高用户服务质量。

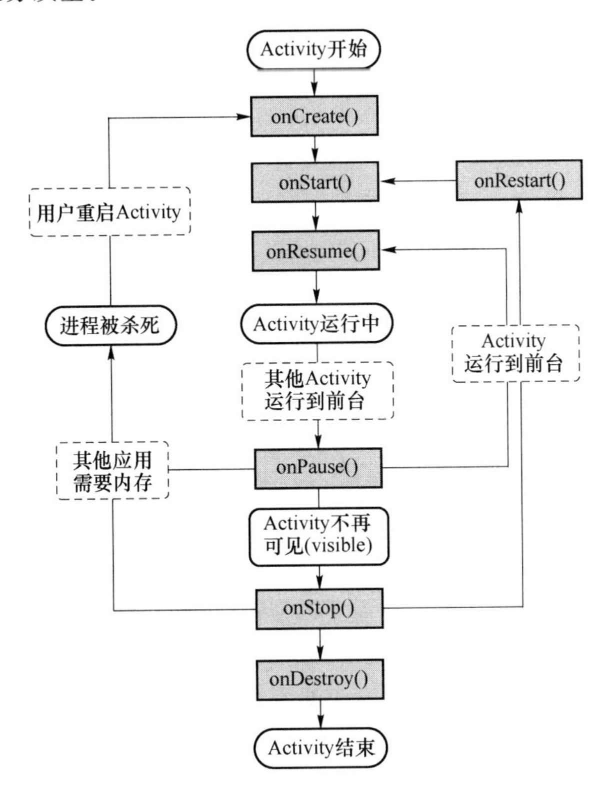

图 2-5 Activity 生命周期

2.3 APK 的组成

Android 应用程序包(Android application package，APK)是 Android 操作系统使用的一种应用程序包文件格式，用于分发和安装移动应用及中间件。一个 Android 应用程序的代码想要在 Android 设备上运行，必须先进行编译，然后被打包成为一个被 Android 系统所能识别的文件才可以被运行，而这种能被 Android 系统识别并运行的文件格式便是“APK”。

APK 主要由 Java 编程语言开发，编译后的 Java 代码(包括所有数据和资源文件)通过 AAPT(Android Asset Packaging Tool)工具捆绑成一个 APK 包。该工具被包含在 SDK 的 build-tools 目录下。该工具可以查看、创建、更新 ZIP 格式的文档附件(ZIP，JAR，APK)，也可将代码和资源文件编译成二进制文件。此外，Android 还引入了 NDK(Native Development Kit)，允许开发者开发由 C/C++编写的原生代码(native code)，将原生代码生成动态链接库(.so 文件)，并将动态链接库和应用一起打包成 APK 文件。原生代码可通过 NDK 使用 Java Native Interface(JNI)与 Java 代码交互。

2.3.1 APK 的基本组成

通常，APK 的基本组成如图 2-6 所示，一个 APK 文件内主要包含被编译的代码文件(.dex字节码文件和.so动态链接库文件)、文件资源、签名证书和清单文件。

图 2-6 APK 的基本组成

APK 的组成具体如下。

(1) META-INF 目录：保存着该应用所有与签名相关的文件，包括 MANIFEST.MF，CERT.SF 和 CERT.(RSA|DSA|EC)。

(2) res 目录：该目录保存着 APK 所需要的资源文件，如图片等。注意，在对应用进行打包时，res 目录下没有使用到的资源文件不会被打包到 APK 中(res/raw 文件夹除外)。每个资源都有两个属性，一个是资源的名字，一个是资源的类型。此外，res 目录下的资源在编译后都会有一个对应的 ID，会在 R.java 类文件下生成标记。R.java 类中定义了 res 目录中全部资源的 ID。在代码中通过 R 类获取到资源的 ID 后，即可调用 Android API 来获取和使用对应的资源。

(3) assets 目录：该目录也存放着 APK 的资源文件。与 res 目录不同的是，assets 里的文件在打包的时候都不会被系统二进制编译，都被原封不动打包进 APK，通常用来存放游戏资源、脚本、字体文件等。同理，res/raw 这个目录也一样，只是 res/raw 目录不可以创建子文件夹，而 assets 目录可以。

(4) AndroidManifest.xml：Android 清单文件，该文件是 XML 结构的文件，并且所有的 Android 应用都把它叫作 AndroidManifest.xml。该文件中描述了应用的基本信息(包括包名、图标路径、版本号、默认安装位置等)，应用的组件，申请的权限等。

(5) DEX 字节码文件 classes.dex：classes 文件通过 DEX 编译后的文件格式，用于在 Android 虚拟机上运行的主要代码部分。

(6) resources.arsc 文件：该文件是应用的资源索引表，在 aapt 工具编译资源时自动生成。很多情况下，根据配置的变化，应用需要通过资源索引表找到对应的资源文件。例如根据不同的 Android 设备，不同的语言设置，不同的屏幕尺寸，应用需要通过同样的资源 ID 但却需要找到不同的资源文件进行显示。与 R.java 类不同的是，AAPT 打包工具在编译和打包资源完成之后，会生成一个 resources.arsc 文件和一个 R.java 文件，前者保存的是资源索引表，后者定义了各个资源 ID 常量，供在代码中索引资源。由于 Android 资源打包过程与应用安全分析关系不是很密切，因此作者不再对资源打包过程详述。

应用的签名文件和 AndroidManifest 与应用安全分析十分相关，因此本节后续对这两部分内容进行详细介绍。

2.3.2 Android 应用的签名机制

签名机制在 Android 平台中有着十分重要的作用，Android 应用的发布必须要签名，签名机制标注了应用的开发者/发行者。从软件安全的角度，可以通过比对应用的签名，判断该 APK 是否由“官方”发行，而不是被破解篡改过重新签名打包的“盗版应用”(重打包应用)。因为一般情况下，破解或者修改一个应用，必然需要重新对其签名(通过利用应用的签名漏洞进行攻击除外)。攻击者通常无法获得原开发者的私钥，因此修改后的应用签名无法与原应用保持一致。

应用签名主要有两大作用。第一是在应用更新时识别原作者，因为 Android 系统禁止更新安装签名不一致的应用。如果想让用户无缝升级到新版本，需要继续使用相同的证书签名来更新应用。Android 系统中禁止安装两个包名一样但是签名不一致的应用。签名的另一大作用是构建应用之间的信任链。Android 允许由相同证书签名的应用程序运行在相同的进程中，此时系统会将它们作为单个应用程序对待，以及具有相同签名的应用可以用安全的方式共享代码和数据。

以下为与应用签名相关的几个概念。

(1) 私钥：开发者使用其私钥(.pk8 后缀)来对应用签名。私钥需要秘密保管，一般认为是不会泄露的。

(2) 公钥：每个私钥都对应一个公钥，公钥用于验证一个应用的签名，可以被所有人查看。

(3) 公钥证书：又称为数字证书和身份证书。它包含公钥/私钥对中的公钥，以及可以标识密钥所有者的其他元信息。证书持有者持有对应的私钥。在对应用进行签署时，会将公钥证书附加到应用中，并且关联到该证书的持有者及其对应的私钥。

公钥证书中一般包含如下元信息，但这些信息可以不提供或者提供虚拟信息。

(1) C(Country Name)：国别

(2) ST(State or Province Name)：州名或者省名

(3) L (Locality Name)：城市名

(4) O (Organization Name)：组织名

(5) OU(Organizational Unit Name)：组织单位名称

(6) CN(Common Name)：名称与姓氏

(7) Email Address ：联系邮箱

目前，Android 系统中有三种不同的签名机制。

(1) Jar 包签名机制(简称 V1 签名)[①]：Android 系统从初始版本就继承了 JAR 签名机制。然而，由于这种机制不是专门为 APK 设计的，没有对整个 APK 文件进行保护，因此陆续被曝出很多安全漏洞，作者在后续章节详述。

(2) APK 级别签名机制(简称 V2 签名)[②]：V2 签名在 Android 7.0 系统版本引入，该签名是对整个 APK 文件进行哈希和签名，从而有助于加快验证速度并增强完整性保证。

---

① https://docs.oracle.com/javase/8/docs/technotes/guides/jar/jar.html#Signed_JAR_File

② https://source.android.com/security/apksigning/v2

(3) 增强的 APK 级别签名机制(简称 V3 签名)[①]:V3 签名机制在 Android 9.0 系统版本引入,在 V2 的基础上增加了储存具有更多信息的签名块。

为了兼容性考虑,Google 建议开发者同时使用 V1,V2 和 V3 签名机制。由于 V2 与 V3 签名机制比较类似,作者在后续章节主要对 V1 和 V2 签名的验证过程进行详述。

1. V1 签名机制

如前所述,在 META-INF 目录下保存了该应用签名相关的文件,包括 MANIFEST.MF, CERT.SF 和 CERT.(RSA|DSA|EC)。

(1) MANIFEST.MF:保存了 APK 中所有文件(目录文件、签名文件除外)的数据指纹(哈希值),目的是防止 APK 中的文件遭到篡改。如果 APK 中的某一文件被篡改,那么在安装应用的签名校验环节,文件的数据指纹与 MANIFEST.MF 的检验信息不同,APK 则不能正常安装。

(2) CERT.SF:对 MANIFEST.MF 中的每一条数据,生成对应的数据指纹。

(3) CERT.(RSA|DSA|EC):Android 目前支持三种签名算法:RSA、DSA 和 ECDSA。其中,ECDSA 是在 Android 4.3 中引入。CERT.(RSA|DSA|EC)是对 CERT.SF 文件的验证。通过用私钥计算出签名,然后将签名以及包含公钥信息的数字证书一同写入 CERT.(RSA|DSA|EC)中保存。

总体而言,V1 签名机制形成如图 2-7 所示的一条验证链。MANIFEST.MF 对 JAR 包中的文件进行验证,CERT.SF 对 MANIFEST.MF 进行验证,CERT.(RSA|DSA|EC)对 CERT.SF 进行验证。

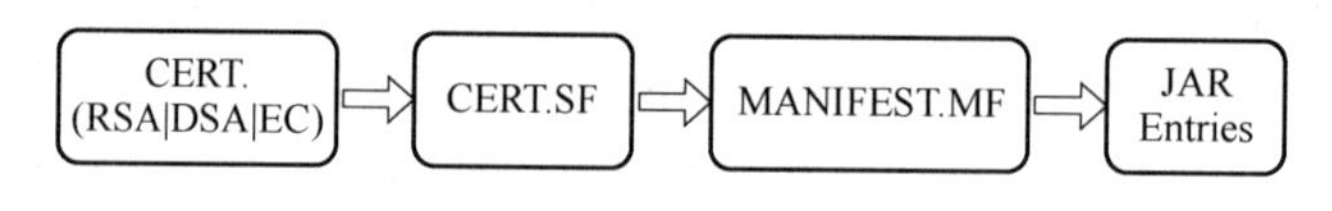

图 2-7　V1 签名机制的保护链

2. V2 签名机制

由于 V1 签名机制不是整个 APK 级别的保护,而仅针对单个 ZIP 条目进行校验,因此会存在不少安全隐患。一方面,在 APK 被签名之后也可以进行修改,例如修改 META-INF 目录下的内容在 V1 签名校验中可以校验通过。另一方面,很多已知的安全漏洞也正是由于 V1 签名的防护缺陷引起的。例如,Janus 漏洞就是将恶意的 dex 文件插入到 APK ZIP 包的头部,而不影响应用签名。此外,被爆出的三个 Master Key 漏洞都是由于 V1 签名机制的不完善导致。

因此,Google 在 Android 7.0 引入 V2 签名机制,即整个 APK 文件级别的保护,能够发现对 APK 的受保护部分进行的所有更改,从而有助于加快验证速度并增强完整性保证。V2 签名机制在原 APK 结构中增加了一个新的块(签名块),签名块存储了签名、摘要、签名算法、证书链、额外属性等信息。

如图 2-8 所示,为了保护 APK 内容,APK 包含四个部分:ZIP 条目的内容(从偏移量 0 处开始一直到"APK 签名分块"的起始位置),APK 签名分块,ZIP 中央目录和 ZIP 中央目录结尾。

其中,应用签名方案的签名信息会被保存在区块 2(APK Signing Block)中,APK 签名方

① https://source.android.com/security/apksigning/v3

案 V2 负责保护第 1、3、4 部分的完整性，以及第 2 部分包含的“APK 签名方案 V2 分块”中的 signed data 分块的完整性。在签名后任何对区块 1、3、4 的修改都不能躲避 V2 签名机制的校验。具体 V2 签名的校验过程还请读者在以下网址参阅 Google 官方文档 https://source.android.com/security/apksigning/v2。

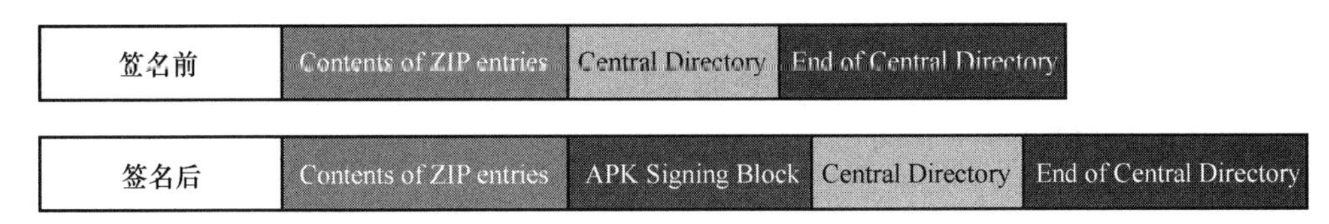

图 2-8　签名前和签名后的 APK

2.3.3　AndroidManifest 详解

通常，AndroidManifest 中包含以下节点和主要属性信息。

1. Manifest 节点

xmlns:android 属性：这个属性定义了 android 命名空间，一般为 http://schemas.android.com/apk/res/android，这样使得 Android 中各种标准属性能在应用中使用。

package 属性：显而易见，这个属性代表应用的包名，即应用 ID(Application ID)。注意，在 Android 终端设备和 Google Play 应用商店中，包名是应用的唯一标识。如果在手机上安装另一个有相同 package 属性的应用程序(但签名不同)，则会造成安装失败，系统报错“Failure[INSTALL_FAILED_ALREADY_EXSIST]”。

android:sharedUserId 属性：如前所述，每一个 Android 应用程序都运行在自己的 Linux 进程中，并且每个应用会被分配一个唯一的 Linux 用户 ID(userid)。当应用被安装到手机上的时候，userid 值就会产生，并且在应用的整个生命周期中，userid 作为应用身份的标识不再发生改变。由于 userid 对应一个 Linux 用户，因此不同应用之间互相访问数据默认是被 Android 系统禁止的。而通过 sharedUserId 属性，可以使得不同的应用共享数据和文件。除了需要设定相同的 android:shareUserId 值，还需要共享数据的应用签名相同，主要原因是为了防止应用被破解。

sharedUserLabel 属性：共享的用户名，该属性与 sharedUserId 属性共同使用。

versionCode 属性：应用的版本号，整数值表示。

versionName 属性：应用的版本名称，如“1.2.1”。

installLocation 属性：Android 应用的默认安装位置，可选包括“auto”(系统自动选择)，“internalOnly”(安装到内部存储)，“preferExternal”(优先安装到外部存储)。

2. Application 节点

android:allowClearUserData 属性：布尔值属性，代表用户是否能选择自行清除数据(默认为 true)。如果为 true，则系统的程序管理器中对于该应用则包含“允许用户清除数据”选项。

android:allowTaskReparenting 属性：布尔值属性，代表是否允许应用的 activity 更换从属的任务。一般来说，被创建的 activity 都会在创建它的任务中度过整个生命周期。但当 allowTaskReparenting 属性值为“true”时，则表示该 activity 能从启动的任务移动到有着密切关系(即相同 affinity)的任务中(当且仅当这个任务进入到前台运行时)。通常这个属性与

android:taskAffinity 属性一起使用。如果一个 activity 没有在 AndroidManifest 中显式地指明该 activity 的 taskAffinity,那么它的这个属性就等于 Application 节点指明的 taskAffinity,如果 Application 节点也没有指明,那么该 taskAffinity 的值默认为应用的包名。注意,这个属性的设置有可能会导致任务劫持攻击。

android:backupAgent 属性:用于设置应用数据备份,即保存配置信息和数据以便恢复应用。例如,若用户将设备恢复出厂设置或者转换到一个新的 Android 设备上,系统就会在重新安装应用时恢复备份数据。

android:debuggable 属性:布尔型属性,当设置为 true 时,表明该应用可以被调试,否则会报错。该属性默认为 false。

3. uses-sdk 节点

该节点描述应用所能够运行的 Android 系统版本,表示了该应用的兼容性。注意,该节点的属性值设置不合理会导致兼容性问题。

android:minSdkVersion:用于指定要运行应用程序所需的最小 API 级别,在低于 minSdkVersion 的 Android 系统上无法安装此应用。每个 Android 系统版本都对应着一个唯一的 API 级别,用整数表示。

android:targetSdkVersion:指定应用运行的目标系统版本。由于 Android 不断向着更新的版本进化,一些行为甚至是外观可能会改变。然而,如果平台的 API Level 高于你的应用程序中的 targetSdkVersion 属性指定的值,系统会开启兼容行为来确保你的应用程序继续以期望的形式来运行。你可以通过指定 targetSdkVersion 来匹配运行程序的平台的 API level 以禁用这种兼容性行为。从 2018 年 8 月 1 日起,所有向 Google Play 首次提交的新应用都必须针对 Android 8.0(API 级别 26)开发;2018 年 11 月 1 日起,所有 Google Play 的现有应用更新同样必须针对 Android 8.0。

android:maxSdkVersion 属性:该属性本身标明可以运行你的应用的最高 API Level 版本,但目前 Google 已经不再推荐该属性。

4. use-permission 节点

该节点描述应用申请的系统权限。为了执行某些敏感操作(例如与系统资源进行交互、访问隐私信息),应用必须向用户申请权限。没有申请相应权限,则会出现“Permission denied”错误,而多申请权限,也会造成安全问题。移动应用进行权限申请时,遵循最小权限的规则(principle of least privilege)以减少应用的受攻击面。作者将在第 3 章对应用权限相关问题进行深入分析。

5. permission 节点

应用程序除了可以使用权限之外,还可以定义自己的权限,用来限制对本应用或其他应用的开放组件或功能的访问。对于开放组件,权限是非必需的。但如果开放的组件没有权限保护,则任何其他应用都可以来调用该组件,造成权限提升攻击等安全风险;如果该组件被自定义权限保护,那么只有拥有该权限的应用才能调用该组件。Permission 节点包括如下四个属性:

(1) name,自定义权限的名称;

(2) description,自定义权限的介绍;

(3) permissionGroup,自定义权限的组别;

(4) protectionLevel,自定义权限的保护级别。

需要注意的是,Android 系统不允许两个应用定义一个具有相同名称的权限,除非这两个应用拥有相同的签名,否则后一个程序则无法安装。

2.4　常用分析技术

移动应用安全分析常用的分析技术包括静态分析、动态分析、机器学习和文本挖掘技术等。本节对这些技术进行简单介绍,在后续涉及的章节再分别进行详细阐述。

2.4.1　静态分析

静态分析是指在不运行移动应用的情况下,采用词法分析、语法分析、控制流分析、数据流分析等技术对应用代码进行扫描并分析。根据静态代码分析层次的不同,可以分为二进制代码级别分析,Dalvik 字节码级别分析,JAVA 字节码/代码级别分析。对 Android 应用的静态分析,常用的分析手段包括权限使用分析,敏感 API 的使用分析,控制流分析,数据流分析,符号执行等。

1. 权限使用分析

应用的权限限制了其功能,因此通过分析应用申请和使用的敏感权限可以判断应用是否存在安全缺陷及可疑行为。例如,Kirin[1]通过制定一系列安全规则,来检查应用的权限是否与这些规则冲突。Huang[2]和 PUMA[3]的研究工作将移动应用中的权限使用作为特征,然后使用机器学习的方法训练模型来检测恶意应用。移动应用的安全与隐私分析中,权限分析很重要,可以作为辅助检测手段与动态分析或静态分析技术结合使用。然而,仅通过权限分析不能准确判断应用的行为,因为 Android 系统中权限粒度很粗,并且 Android 应用权限冗余现象比较严重。除此之外,应用可以通过权限提升攻击来提升自身权限,而仅通过权限分析检测不到。

2. 敏感 API 的使用分析

敏感 API 的使用与应用行为十分相关。并且由于 Android 系统 API 在代码混淆中一般保持不变,因此对敏感 API 的使用分析是应用分析中常用手段之一。例如,DroidAPIMiner[4]研究恶意应用与正常应用之间 Android API 调用频率以及调于用参数的差别,然后使用机器学习的算法来检测恶意行为。此外,很多研究工作关注于对敏感 API 进行插桩,追踪以及分析应用的敏感行为。I-ARMDroid[5]提出一个对 Android 应用插桩的框架,能够截断对敏感 API 的调用,并且根据用户的策略插入所需要的代码。RetroSkeleton[6]是对 I-ARM-Droid 的改进,能够以静态和动态的截断方法调用,并且根据用户的需求按照不同策略对目标应用重写。RetroSkeleton 能够支持很多种重写策略,包括细粒度的网络访问控制,HTTP 请求加密,应用的自动本地化,通知用户应用隐藏的功能等。这些插桩后的应用能够运行在无修改的系统中,并且不需要 root 权限或者安装其他应用。DroidLogger[7]通过对应用插桩,记录应用对敏感 API 的调用序列来了解应用的行为。类似的,APIMonitor① 是一个开源的工具,它也是对敏感 API 插桩并记录对这些 API 的调用。

① https://code.google.com/p/droidbox/wiki/APIMonitor

3. 控制流和数据流分析

AndroidLeaks[8]首先使用 ded 工具将 Android 应用反编译为 Java 代码，并使用程序分析框架 WALA 对程序构造调用图。AndroidLeaks 会根据构造的调用图以及建立的 Android API 与权限的对应关系，来标记与敏感信息相关的调用。随后，AndroidLeaks 对整个调用图进行可达性分析，来检查整个调用图中是否存在隐私数据泄露的路径。ComDroid[9]通过对 Dalvik 字节码做控制流分析来检测应用之间交互的缺陷，包括广播窃取、活动劫持、服务劫持、恶意广播注入、恶意活动启动以及恶意服务启动等。Soot① 是一个常用的 Java 代码程序分析工具，能够对应用进行控制流和数据流分析。很多后续的研究工作，例如 FlowDroid[10]和 DroidSafe[11]都是基于 Soot 框架实现的。

2.4.2 动态分析

动态分析是指通过在真机或者模拟器上运行应用并监测其运行时的行为特征来对应用进行分析。由于动态分析检测到的行为都是应用在实际运行状态下真实存在的行为，因此动态分析具有准确率高的特点。动态分析中常用的是动态污点分析技术(dynamic taint analysis)，通过追踪敏感信息的传播与泄露来发现隐私威胁。这种技术主要是将所有的隐私数据标记为污染源(taint source)，在应用运行的过程中，如果对污染源进行操作，那么新生成的数据也会被污染。如果有被污染的数据通过隐私泄露点(taint sink)传播出去，那么就会发生隐私泄露。TaintDroid[12]最早提出在 Android 系统中使用动态污点分析技术来检测隐私泄露。TaintDroid 是系统级别的动态污点分析技术，因此不需要对应用做修改，并且应用内部以及应用之间的隐私数据传播都能被 TaintDroid 记录和追踪。TaintDroid 被当作一个分析框架被后续广泛使用。MockDroid[13]，TISSA[14]，AppFence[15]等都是基于 TaintDroid 实现的隐私保护机制。很多研究工作在 TaintDroid 基础上进行改进。例如，Gilbert 等人[16]在 TaintDroid 的基础上加上控制流分析，从而可以跟踪隐式的隐私数据泄露，但是也增加了性能开销。D2Taint[17]对 TaintDroid 的污染源进行扩展，能够追踪移动设备内部(联系人、位置信息等)和外部的多种隐私数据(网银账号等)，并提出一种动态隐私数据源标记策略。本书将在第 7 章对动态分析技术进行详述。

2.4.3 机器学习

机器学习也是在分析应用时常用的分析技术。很多研究工作使用机器学习技术来检测应用的异常行为，其做法一般是通过收集正常应用与恶意应用的行为特征(权限、API 调用、网络、系统调用等)，分析正常行为与恶意行为的差别，然后使用不同的机器学习分类算法训练模型。当有未知应用需要进行检测时，收集对应的特征然后使用训练好的模型即可进行检测分类，从而对未知应用进行风险评估。早期的研究工作根据移动设备的电量消耗特征来检测恶意软件。这些研究通常是通过监测移动设备的电量消耗情况，并将其与运行正常应用的移动设备电量消耗对比，从而检测异常行为。之后，很多研究工作开始使用多样的行为特征来检测恶意软件。Andromaly[18]提出一个轻量级的恶意应用检测系统对 Android 应用进行监控。Andromaly 除了使用应用的动态特征，还提取运行时系统的一些特征，包括 CPU 的利用率、

① https://github.com/Sable/soot

网络数据包的收发情况、电量消耗、内存使用等。Wei 等人[19]使用 DroidBox① 提取 Android 应用在运行时的网络特征，通过使用独立成分分析(independent component analysis)来确定恶意应用的内在域名解析行为。DroidAPIMiner[4]研究恶意应用与正常应用之间 Android API 调用频率以及调用参数的差别，使用机器学习的算法来检测恶意行为。Huang 等人[2]和 PUMA[3]将移动应用中的权限使用作为特征，使用机器学习的方法训练模型来检测恶意应用。除此之外，还有一些研究工作使用机器学习技术检测广告库和对应用进行隐私评分等。

2.4.4 文本挖掘

文本挖掘和自然语言处理技术经常被用于对应用的描述、用户评论以及代码进行分析，从中提取语义信息。WHYPER[20]和 AutoCog[21]使用基于自然语言处理的方法，在软件描述和软件请求的权限之间建立了一种映射关系，并用这种映射关系量化软件功能和软件真实行为之间的差异性。CHABADA[22]通过研究应用描述与应用实际功能之间的差别，来找到可能的恶意应用。CHABADA 首先对很多应用的描述进行分析，使用 LDA 找到应用描述中相关的主题，每个应用对应一个主题向量。然后，根据主题向量对应用进行聚类，即描述中有相似主题的应用会被聚在一起。对于聚在一起的应用，CHABADA 检查应用中的敏感 API 使用，然后找出同类别应用中 API 使用异常的应用。

2.5 常用分析工具

本节介绍与 Android APK 相关的最基本的分析工具。常用的分析工具包括反编译工具，以及辅助静态分析和动态分析工具等。

(1) Apktool② 是最常用的反编译工具，它可以反编译以及重新编译 APK 文件。Apktool 可以将应用反编译为 Smali 中间代码，通过分析 Smali 中间代码可以理解程序的运行机制，以及提取相关的特征，如 API 调用特征等。反编译后的 Smali 代码结构与 Java 代码结构完全相同，Smali 代码文件与 Java 类有着一一对应关系。

(2) Dex2Jar③ 和 JD-Core-Java④ 可以将 Android 应用反编译为 Java 代码。但该过程不可逆，因为在反编译过程中存在部分语义丢失。

(3) AndroGuard 是对 Android 应用静态分析的工具包，它的功能包括分析应用的资源、权限、构件等使用信息，生成方法调用图和指令级别的调用图，对应用的危险级别进行评估，以及检测应用之间的相似度等。

(4) PScout⑤ 提供了权限与 Android API、Intent 和 Content Provider 的映射关系，因此经常被用来检测应用使用的权限。

---

① https://github.com/pjlantz/droidbox

② https://ibotpeaches.github.io/Apktool/

③ https://github.com/pxb1988/dex2jar

④ https://github.com/nviennot/jd-core-java

⑤ https://security.csl.toronto.edu/pscout/

(5) FlowDroid[①] 和 DroidSafe[②] 是两个静态信息流分析工具,能够分析应用中的隐私信息泄露及路径。

(6) TaintDroid 和 DroidBox 是动态分析工具,其原理是基于动态污点分析技术,追踪隐私信息的使用和传播。

2.5.1 Apksigner 工具

1. Apksigner 简介

Apksigner 是 Android SDK 提供的一款签名工具,它允许开发者对应用进行签名,并验证签名是否有效,进行应用的签名分析。

2. Apksigner 安装

Android SDK(24.0.3 及以上版本)的 Build Tools 中自带该工具,安装好 Android SDK 后即可使用。

3. Apksigner 使用

(1) 对应用签名

首先,在命令行中进入到 Apksigner 的所在目录(通常在 Android SDK 的 build-tools 文件夹中),随后运行指令"apksigner sign --ks release.jks app.apk",如图 2-9 所示。其中"release.jks"文件为签名文件,开发者可以通过 Android Studio 生成自己独有的签名;"app.apk"为要进行签名的应用所在的目录。

```
USAGE: apksigner <command> [options]
       apksigner --version
       apksigner --help

EXAMPLE:
       apksigner sign --ks release.jks app.apk
       apksigner verify --verbose app.apk

apksigner is a tool for signing Android APK files and for checking whether
signatures of APK files will verify on Android devices.


        COMMANDS

sign                    Sign the provided APK

verify                  Check whether the provided APK is expected to verify on
                        Android

version                 Show this tool's version number and exit

help                    Show this usage page and exit
```

图 2-9 Apksigner 的使用说明

(2) 通过 Apksigner 验证签名是否有效

在命令行中运行指令"apksigner verify app.apk"即可。

(3) 对已经签好名的应用,也可以获取它的签名信息

它的签名文件存放在 META-INF 文件夹的"CERT.RSA/DSA/EC"文件中。修改应用

① https://github.com/secure-software-engineering/FlowDroid

② https://github.com/MIT-PAC/droidsafe-src

文件的后缀名，从“. apk”变为“. zip”，解压缩后，从 META-INF 文件夹中获取“CERT. RSA/DSA/EC”文件。随后通过 jdk 中的 keytool 工具即可查看应用的签名信息，如图 2-10 所示。

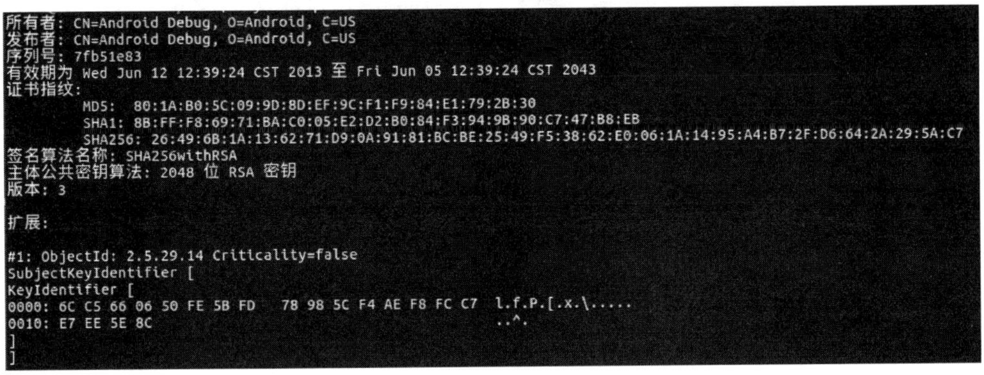

```
所有者: CN=Android Debug, O=Android, C=US
发布者: CN=Android Debug, O=Android, C=US
序列号: 7fb51e83
有效期为 Wed Jun 12 12:39:24 CST 2013 至 Fri Jun 05 12:39:24 CST 2043
证书指纹:
        MD5:  80:1A:B0:5C:09:9D:8D:EF:9C:F1:F9:84:E1:79:2B:30
        SHA1: 8B:FF:F8:69:71:BA:C0:05:E2:D2:B0:84:F3:94:9B:90:C7:47:B8:EB
        SHA256: 26:49:6B:1A:13:62:71:D9:0A:91:81:BC:BE:25:49:F5:38:62:E0:06:1A:14:95:A4:B7:2F:D6:64:2A:29:5A:C7
签名算法名称: SHA256withRSA
主体公共密钥算法: 2048 位 RSA 密钥
版本: 3

扩展:

#1: ObjectId: 2.5.29.14 Criticality=false
SubjectKeyIdentifier [
KeyIdentifier [
0000: 6C C5 66 06 50 FE 5B FD   78 98 5C F4 AE F8 FC C7  l.f.P.[.x.\.....
0010: E7 EE 5E 8C                                        ..^.
]
]
```

图 2-10　应用的签名信息

2.5.2　反编译工具 Apktool+Smali/BakSmali

1. Apktool 简介

Apktool 是一款反编译工具，它可以反编译 Android 应用文件，以及将反编译后的文件修改后重新回编译成应用文件。

将 APK 文件解压后可以得到 dex 格式的文件，它是 Android Dalvik 虚拟机中的执行程序，而 Smali/BakSmali 是一对将 dex 文件与 smali 文件格式进行互相转换的工具。

2. Apktool 安装

首先要确保操作系统中正确安装了 Java 1.8 及以上环境。

有关 Apktool 详细的下载及安装说明网址如下：

https://ibotpeaches.github.io/Apktool/install/

Smali/BakSmali 的下载网址如下：

https://bitbucket.org/JesusFreke/smali/downloads/

Smali/BakSmali 是一对 jar 包，无须安装，下载对应最新版本即可直接使用。

3. Apktool 使用

Apktool 的使用方法很简单。在命令行中执行“apktool d testapp. apk”，等候一段时间即可，其运行过程如图 2-11 所示。

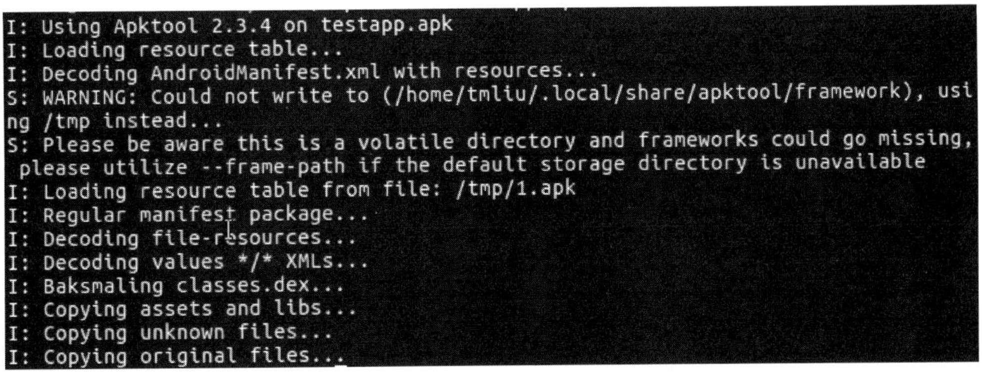

```
I: Using Apktool 2.3.4 on testapp.apk
I: Loading resource table...
I: Decoding AndroidManifest.xml with resources...
S: WARNING: Could not write to (/home/tmliu/.local/share/apktool/framework), usi
ng /tmp instead...
S: Please be aware this is a volatile directory and frameworks could go missing,
 please utilize --frame-path if the default storage directory is unavailable
I: Loading resource table from file: /tmp/1.apk
I: Regular manifest package...
I: Decoding file-resources...
I: Decoding values */* XMLs...
I: Baksmaling classes.dex...
I: Copying assets and libs...
I: Copying unknown files...
I: Copying original files...
```

图 2-11　Apktool 运行过程

反编译后得到的文件结构如图 2-12 所示。

图 2-12 反编译后的文件结构

其中,assets 文件夹和 res 文件夹包含安卓应用所用到的一些资源文件;original 文件夹中包含应用的签名文件;smali 文件夹中包含应用的 smali 格式代码,它是 Dalvik 虚拟机的反汇编语言,我们可以直接对它进行阅读,也可以进一步利用工具将 smali 代码转换为我们熟悉的 Java 格式;另外还有关键的 AndroidManifest. xml 文件。

AndroidManifest. xml 是每个安卓应用程序中必需的文件。它位于整个项目的根目录,描述了 package 中暴露的组件(activities, services 等),它们各自的实现类,各种能被处理的数据和启动位置。除了能声明程序中的 Activities, ContentProviders, Services 和 Intent Receivers,还能指定 permissions 和 instrumentation(安全控制和测试)。一个简单的 AndroidManifest. xml 的例子如图 2-13 所示,其中包含了应用程序的包名,Activity 的名称,主 Activity 的声明,应用的权限信息等。关于更详细的信息可参考 Google 官方文档 https://developer. android. com/guide/topics/manifest/manifest-intro? hl=zh-cn。

```
<?xml version="1.0" encoding="utf-8" standalone="no"?><manifest xmlns:android="http://schemas.android.com/apk/res/android" package="com.example.notifications">
    <application android:allowBackup="true" android:debuggable="true" android:icon="@drawable/ic_launcher" android:label="@string/app_name" android:theme="@style/AppTheme">
        <activity android:label="@string/app_name" android:name="com.example.notifications.MainActivity">
            <intent-filter>
                <action android:name="android.intent.action.MAIN"/>
                <category android:name="android.intent.category.LAUNCHER"/>
            </intent-filter>
        </activity>
        <activity android:name=".CustomActivity"/>
        <activity android:name=".ProgressAcitivty"/>
    </application>
    <uses-permission android:name="android.permission.VIBRATE"/>
</manifest>
```

图 2-13 AndroidManifest. xml 文件内容示例

接下来是 Smali/Baksmali 的使用方法。

注:以下为 Apktool 2.2 及以后版本的使用方法,请下载最新版本使用。

首先是 BakSmali 工具,它可以将 dex 文件转换为 smali 文件。从安卓应用文件解压获得 classes. dex 文件后,在命令行中执行以下格式的命令:"java -jar baksmali. jar disassemble app. apk -o [输出目录]",如图 2-14 所示,即可获得对应的 smali 文件。

```
~/ntif$ java -jar baksmali.jar disassemble testapp.apk -o app
~/ntif$ java -jar smali.jar assemble app -o classes.dex
~/ntif$
```

图 2-14 Smali/BakSmali 运行过程

而 Smali 工具可以将 smali 文件转换为 dex 文件，命令格式为“java - jar smali assemble [smali 文件夹目录] -o classes. dex”。

BakSmali 工具得到的 smali 文件如图 2-15 所示。

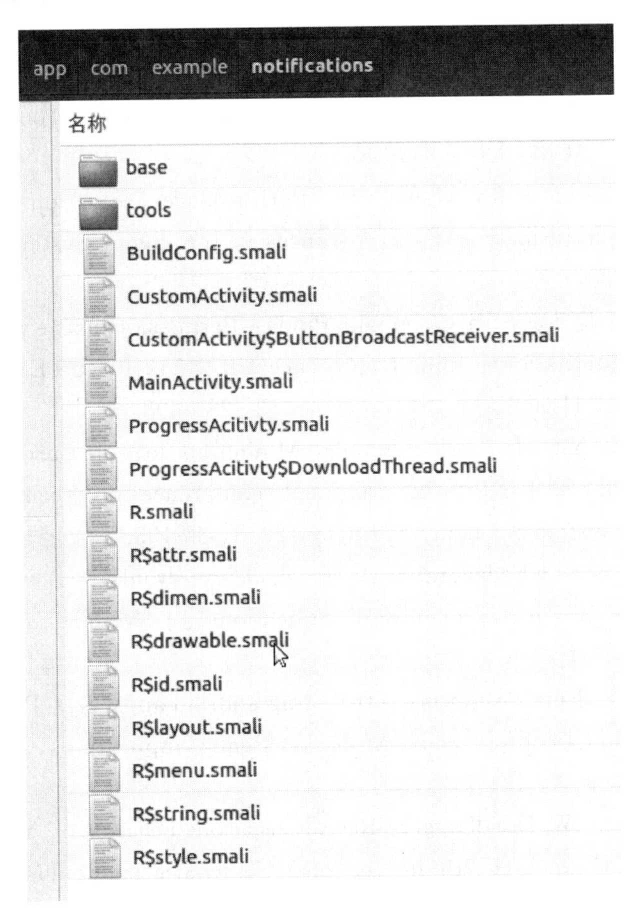

图 2-15　BakSmali 工具得到的 smali 文件

Smali 工具得到的 dex 文件如图 2-16 所示。

图 2-16　Smali 工具得到的 dex 文件

2.6　本章小结

作为移动应用分析的基础，本章对 Android 虚拟机、Android 安全机制、APK 的基本组成、应用的常用分析技术和分析工具进行了详细介绍。希望读者在阅读完本章内容之后，能够对 Android 应用分析有一个初步的了解，并且能够熟练掌握基本的分析工具。在后续的章节中，作者会对应用分析技术展开详细介绍。

本章参考文献

[1] Enck W, Ongtang M, McDaniel P. On lightweight mobile phone application certification[C]//Proceedings of the 16th ACM conference on Computer and communications security. Chicago, Illinois: ACM, 2009: 235-245.

[2] Huang C Y, Tsai Y T, Hsu C H. Performance evaluation on permission-based detection for android malware[J]. Advances in Intelligent Systems and Applications, 2013(2): 111-120.

[3] Sanz B, Santos I, Laorden C, et al. Puma: Permission usage to detect malware in android[C]//International Joint Conference CISIS'12-ICEUTE 12-SOCO 12 Special Sessions. Berlin, Heidelberg: Springer, 2013: 289-298.

[4] Aafer Y, Du W, Yin H. Droidapiminer: Mining api-level features for robust malware detection in android [C] // International conference on security and privacy in communication systems. Cham: Springer, 2013: 86-103.

[5] Davis B, Sanders B, Khodaverdian A, et al. I-arm-droid: A rewriting framework for in-app reference monitors for android applications[J]. Mobile Security Technologies, 2012, 2012(2): 1-7.

[6] Davis B, Chen H. RetroSkeleton: retrofitting android apps[C]//Proceeding of the 11th annual international conference on Mobile systems, applications, and services. Taipei, Taiwan: ACM, 2013: 181-192.

[7] Dai S, Wei T, Zou W. DroidLogger: Reveal suspicious behavior of Android applications via instrumentation[C]//2012 7th International Conference on Computing and Convergence Technology (ICCCT). Seoul: IEEE, 2012: 550-555.

[8] Gibler C, Crussell J, Erickson J, et al. AndroidLeaks: automatically detecting potential privacy leaks in android applications on a large scale[C]//International Conference on Trust and Trustworthy Computing. Berlin, Heidelberg: Springer, 2012: 291-307.

[9] Chin E, Felt A P, Greenwood K, et al. Analyzing inter-application communication in Android[C]//Proceedings of the 9th international conference on Mobile systems, applications, and services. Washington, DC, USA: ACM, 2011: 239-252.

[10] Arzt S, Rasthofer S, Fritz C, et al. Flowdroid: Precise context, flow, field, object-sensitive and lifecycle-aware taint analysis for android apps[J]. Acm Sigplan Notices, 2014, 49(6): 259-269.

[11] Gordon M I, Kim D, Perkins J H, et al. Information Flow Analysis of Android Applications inDroidSafe[C]//2015 the Network and Distributed System Security Symposium. San Diego, California: Internet Society, 2015, 15:110.

[12] Enck W, Gilbert P, Han S, et al. TaintDroid: an information-flow tracking system for realtime privacy monitoring on smartphones[J]. ACM Transactions on Computer Systems(TOCS), 2014, 32(2): 1-29.

[13] Beresford A R, Rice A, Skehin N, et al. Mockdroid: trading privacy for application functionality on smartphones[C]// Proceedings of the 12th workshop on mobile computing systems and applications. Phoenix, Arizona: ACM, 2011: 49-54.

[14] ZhouYajin, Zhang Xinwen, Jiang Xuxian, et al. Taming information-stealing smartphone applications (on android)[C]// International conference on Trust and trustworthy computing. Berlin: Springer, 2011: 93-107.

[15] Hornyack P, Han S, Jung J, et al. These aren't the droids you're looking for: retrofitting android to protect data from imperious applications[C]// Proceedings of the 18th ACM conference on Computer and communications security. Chicago, Illinois: ACM, 2011: 639-652.

[16] Gilbert P, Chun B G, Cox L P, et al. Vision: Automated Security Validation of Mobile Apps at App Markets[C]// Proceedings of the second international workshop on Mobile cloud computing and services. Bethesda, Maryland: ACM, 2011: 21-26.

[17] Gu Boxuan, Li Xinfeng, Li Gang, et al. D2Taint: Differentiated and dynamic information flow tracking on smartphones for numerous data sources[C]// Proceedings of the 32nd IEEE International Conference on Computer Communications. Turin, Italy: IEEE, 2013: 791-99.

[18] Shabtai A, Kanonov U, Elovici Y, et al. "Andromaly": a behavioral malware detection framework for android devices[J]. Journal of Intelligent Information Systems, 2012, 38(1): 161-190.

[19] Wei T E, Mao C H, Jeng A B, et al. Android malware detection via a latent network behavior analysis[C]// 2012 IEEE 11th International Conference on Trust, Security and Privacy in Computing and Communications. Liverpool, England, UK: IEEE, 2012: 1251-1258.

[20] Pandita R, Xiao X, Yang W, et al. {WHYPER}: Towards Automating Risk Assessment of Mobile Applications[C]// Presented as part of the 22nd {USENIX} Security Symposium ({USENIX} Security 13). Washington, D. C.: USENIX Association, 2013: 527-542.

[21] Qu Z, Rastogi V, Zhang X, et al. Autocog: Measuring the description-to-permission fidelity in android applications[C]// Proceedings of the 2014 ACM SIGSAC Conference on Computer and Communications Security. Scottsdale, Arizona: ACM, 2014: 1354-1365.

[22] Gorla A, Tavecchia I, Gross F, et al. Checking app behavior against app descriptions[C]// Proceedings of the 36th International Conference on Software Engineering. Hyderabad, India: ACM, 2014: 1025-1035.

第 3 章 移动应用权限分析

目前包括 Android 和 iOS 平台在内的主流移动系统都采用“基于权限的访问控制机制”来限制第三方应用访问系统资源及用户隐私信息。移动应用的权限与其敏感行为十分相关,因此权限分析在隐私保护、恶意应用检测、访问控制等相关研究中通常作为不可或缺的基础。

Android 平台的权限机制存在很多不足。尽管 Android 应用中有超过 100 种权限,但是很多权限属于粗粒度权限,容易造成安全漏洞和隐私泄露。Android 系统提供了大量的 API 供开发者使用,然而关于 API 以及权限使用的文档很不完善。不完善的权限文档和困难的权限管理导致 Android 应用权限滥用,大部分 Android 应用都存在权限冗余问题,导致用户隐私信息的泄露及针对权限问题的攻击发生。Android 组件间的交互机制也容易造成权限提升攻击,即恶意应用不需要申请敏感权限,就可以通过构件调用或者应用间协作来提升权限或者获取用户的隐私信息。应用核心代码不能与其使用的第三方库权限分离,很多第三方库存在越权和侵犯用户隐私的行为。除此之外,基于权限的访问控制过于粗粒度,导致用户无法了解应用是如何使用隐私信息,更不能根据用户隐私偏好对隐私信息的使用进行细粒度控制。

因此,本章综述 Android 平台存在的权限问题和针对 Android 权限问题进行优化的相关工作,并总结相关分析技术和分析工具。

3.1 Android 平台中的权限问题

Android 平台的权限机制存在很多不足,是不少安全风险的根源。图 3-1 总结了目前 Android 平台上的权限问题。作者将 Android 平台上的权限问题划分为三大类:第一类是 Android 权限机制本身存在的问题;第二类是由于 Android 权限机制的不完善所造成的应用中存在的权限问题;第三类是用户和开发者在使用中遇到的权限问题。

Android 权限机制存在的问题包括粗粒度权限,权限文档不完善和应用核心代码不能够跟第三方库权限分离。Android 应用中存在的权限问题包括权限冗余、权限提升攻击以及第三方库造成的隐私泄露。用户和开发者在使用中遇到的权限问题包括困难的权限管理,用户的期望与应用功能的差距,以及开发者不能声明使用权限的意图和用户不能根据权限使用的意图进行访问控制。

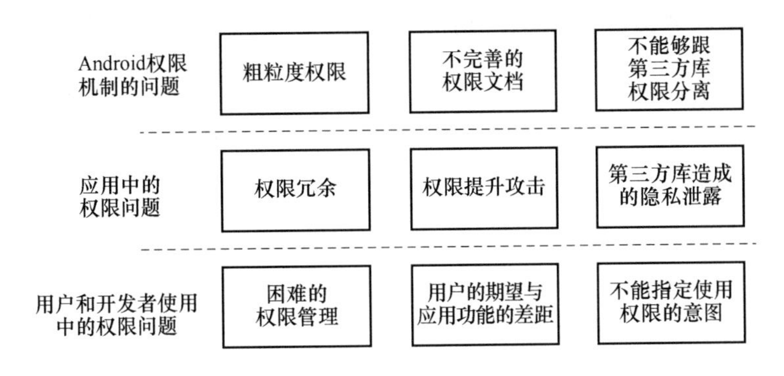

图 3-1　Android 平台上的权限问题分类

3.1.1　Android 权限机制存在的问题

1. 权限文档不完善

Android 系统提供了大量的 API 供开发者使用，然而关于 API 以及权限使用的文档很不完善[1,2]。Au 等人[2]研究表明，在不同版本的 Android 系统中，都存在着很多需要权限保护的 API，但没有文档说明如何使用这些 API。

表 3-1 列举了在四个 Android 系统版本中，受权限保护的敏感 API 数量，以及这些 API 中有文档说明使用时需要申请权限的比例。在所示的四个 Android 系统版本中，每个版本都存在数十万受到权限保护的敏感 API，但对于大部分的 API，官方文档并没有说明在使用这些 API 时需要申请权限。除此之外，Felt 等人[3]还在 Android API 的使用文档中发现一些使用说明错误。因此，使用文档不完善以及错误地使用文档导致开发者很难为应用准确申请权限，甚至包括一些有经验的开发者。

表 3-1　Android API 与权限的映射关系

Android 版本	Android 2.2	Android 2.3	Android 3.2	Android 4.0
受权限保护的敏感 API 数量	17 218	17 586	22 901	29 208
受权限保护的敏感 API 数量(有文档说明)	467	438	468	723

例如，之前研究工作表明，很多开发者在技术论坛(如 Stack Overflow)上询问权限使用以及 API 使用相关的问题[4]。此外，不完善的使用文档是导致 Android 应用权限冗余问题的根本原因。开发者为了使应用能够正常运行，经常过多申请权限来防止应用在运行时崩溃[3]。

2. 粗粒度权限

尽管 Android 应用中有超过 130 种权限，但是很多权限属于粗粒度权限，容易造成安全漏洞和隐私泄露。例如，很多研究工作认为 INTERNET 是粗粒度权限[5,6,7]，给了应用访问任意网络域名的能力，但大部分应用只需访问特定域名。因此，这种粗粒度的 INTERNET 权限对控制应用的网络访问并不有效。应用在获取 INTERNET 权限之后可以访问任意域名，而用户并不了解应用的网络访问以及很难对其控制。Felt 等人[7]研究发现很多使用 INTERNET 权限的应用只需要访问特定的域名，因此可以对 INTERNET 权限进行细化来控制应用的网络访问。此外，Jeon 等人[5]认为 READ_PHONE_STATE 和 WRITE_SETTINGS 等是粗粒度权限，需要进行细化。例如，具有 READ_PHONE_STATE 权限的应用可以查看手机是否在通话，也可以读取设备的 IMEI 码，可以对其进行权限细化。

3. 应用本身不能够跟第三方库权限分离

Android应用中大量使用第三方库，研究表明应用中大概有60%的代码都是属于第三方库[8]。这些第三方库包括广告库(如Admob)，社交网络库(如Facebook)，第三方分析库(如Google Analytic)等。第三方库拥有跟宿主应用相同的权限，并且不能跟应用核心代码进行权限分离。

研究表明很多第三方库存在越权问题[9,11,12]，它们能够获取用户隐私并且通过设备标识符(IMEI,IMSI)等来追踪用户。Stevens等人[10]研究了最常用到的广告库所用到的权限与其文档说明中所需要的权限的对比，结果发现很多广告库会使用一些在其使用文档中没有说明需要使用的权限。当这些广告库检测到所在应用具有相应权限时，它们就会使用这些权限，其中很多都是敏感权限(如读写联系人信息、获取位置信息、拍照等权限)。

如图3-2所示，广告库Mobclix在其使用文档中说明它只需要权限INTERNET和READ_PHONE_STATE，以及可选权限ACCESS_NETWORK_STATE。然而，它在应用运行时会动态检查应用拥有的权限，包括CAMERA、READ_CONTACTS等敏感权限。如果发现宿主应用具有敏感权限，则它会执行一些敏感操作。研究工作[13]表明，应用中很大一部分权限使用在第三方库中，如44.3%的GPS位置信息以及72.7%的粗略位置信息被第三方库使用。

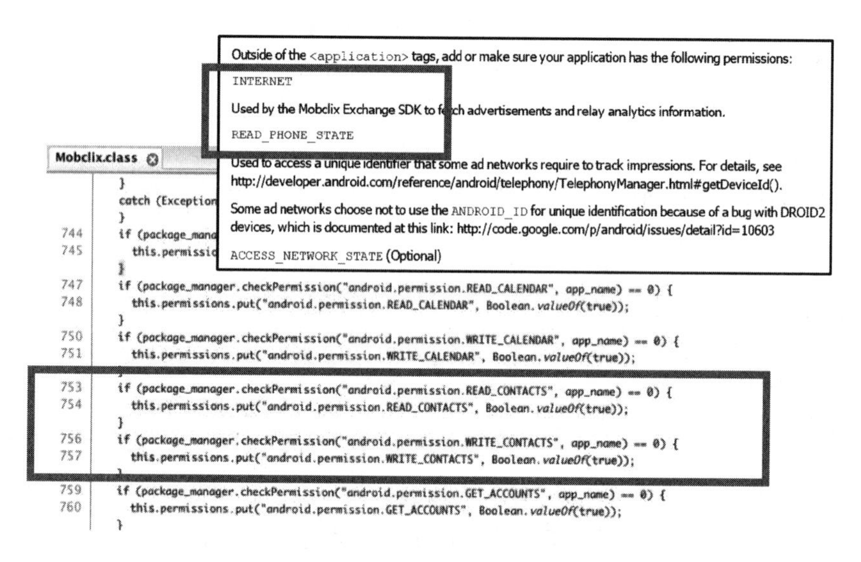

图3-2 第三方库中的权限越权问题

3.1.2 应用中存在的权限问题

1. 权限冗余

移动应用进行权限申请时，遵循最小权限的规则(principle of least privilege)[14,15]可以减少应用的受攻击面。然而，由于Android系统提供大量的API，以及API使用文档和权限使用文档不完善，很多开发者不能准确地为应用申请权限，会导致应用权限冗余问题发生。应用申请冗余权限通常会导致一些安全问题[16]，增加应用的受攻击面(attack surface)。恶意应用可以使用代码注入和返回导向编程技术[17](return-oriented programming)进行攻击。

例如，考虑一个Android应用app_1，它拥有INTERNET权限，因此它具有跟外部服务通信的能力。同时，app_1 还申请了权限 SEND_SMS，但是并没有使用它。SEND_SMS 权限允许应用在不需要用户参与的情况下发送短信。不幸的是，app_1 使用一个原生库（native library），这个原生库被发现存在缓冲区溢出攻击漏洞（buffer-overflow exploit）。因此，攻击者就能利用这个漏洞来植入并且执行攻击代码，通过运行 app_1 发送高额短信给用户造成经济损失。

Felt 等人[3]分析了 940 个 Android 应用，结果发现有超过 1/3 的应用都申请了冗余权限。其中，ACCESS_NETWORK_STATE 和 READ_PHONE_STATE 权限是被申请最多的冗余权限。Wei 等人[18]使用 STOWAWAY 研究了不同版本应用中的权限使用情况。通过对 237 个应用（总共 1 703 个不同版本）进行分析，结果表明应用中存在过度申请权限的趋势。其中，有 19.6％的应用由于新版本增加权限而造成权限冗余，25.2％的应用在多个版本中一直存在权限冗余问题。Wu 等人[19]使用 PScout[2]来对不同手机供应商定制 ROM 中的预装应用进行分析，结果发现有超过 85％的预装应用存在权限冗余问题，甚至连 Google 官方机器中的预装应用也不例外。

2. 权限提升攻击

权限提升攻击[20～23]即恶意应用不需要申请敏感权限，就可以通过构件调用或应用间协作来提升权限或获取用户的隐私信息。这种攻击利用了 Android 系统中构件交互的缺陷。如图 3-3 所示，权限提升攻击可以分为两大类：混淆代理人攻击（confused deputy attack）和共谋攻击（collusion attack）。

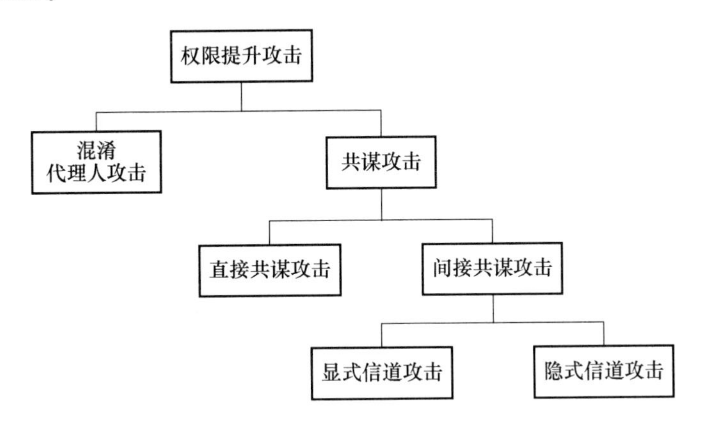

图 3-3　权限提升攻击分类

混淆代理人攻击通过利用应用未保护的构件漏洞进行攻击，其攻击模型如图 3-4 所示。应用 1 没有 P1 权限，因此应用 1 的构件 C1 不能直接访问被权限 P1 所保护的资源 R1。然而，应用 2 拥有 P1 权限，并且应用 2 的构件 C2 没有权限保护。因此，构件 C1 可以通过调用构件 C2 和 C3 来访问资源 R1，并不需要 P1 权限。应用 2 在攻击中作为代理，因此这种攻击称为混淆代理人攻击。其实，只需要将应用中暴露的构件加上权限保护即可阻止混淆代理人攻击，然而很多开发者不是安全专家，他们并没有这种安全意识。

共谋攻击是指多个应用之间通过协作来获取更多的权限，从而执行未授权或者恶意的行为。如图 3-3 所示，共谋攻击又分为直接共谋攻击（direct collusion attack）和间接共谋攻击（indirect collusion attack）。直接共谋攻击指应用直接进行通信，而间接共谋攻击指应用通过第三方构件或者应用进行通信。间接共谋攻击使用的信道又分为显式信道（overt channel）和隐式信道（covert channel）。显式信道包括文件、I/O 设备、系统日志、Socket 通信等，这些实体中的数据对象作为传递信息的方式。隐式信道中所用的实体并不经常被用作通信的方式，如可以通过改变屏幕的状态，改变震动设置，传递的 intent 类别等来传递信息。Schlegel 等人[24]给出了一个拥有很少权限的应用 Soundcomber 的示例，但它能够从声音传感器中获取隐私信息。Soundcomber 是一个通过隐私信道进行共谋攻击的典型实例。Davi 等人[25]研究表明一个无权限的应用可以通过共谋攻击来向特定的电话号码发送短信。Marforio 等人[22]研究了不同信道传递消息的吞吐率，结果表明即使最低吞吐率的信道也足够应用传递隐私信息。

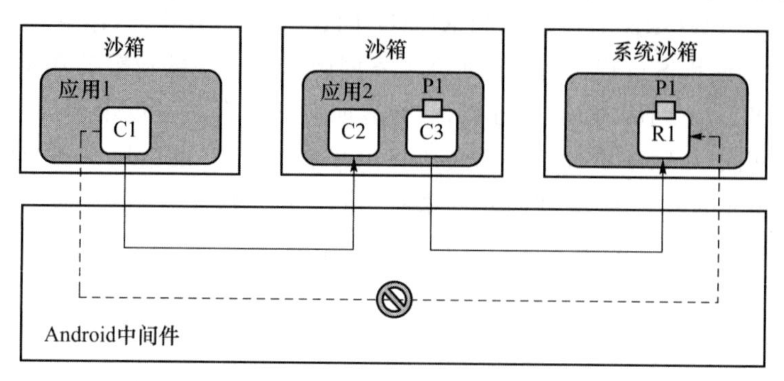

图 3-4　混淆代理人权限提升攻击示意图

3. 第三方库造成的隐私泄露

由于第三方库不能跟应用核心代码进行权限分离，很多第三方库会获取用户的隐私信息，造成隐私泄露。AdRisk[26]使用静态分析来检测广告库中的隐私泄露，结果表明大部分的广告库都会收集用户的隐私信息，包括用户的位置信息、通话记录、联系人，以及手机中所安装应用列表等。此外，很多广告库会在运行时通过服务器下载代码并执行，会导致严重的安全风险。Stevens 等人[10]分析了 13 个广告库中的权限使用，结果发现很多广告库会使用一些在其使用文档中没有说明需要使用的权限。当检测到所在应用程序具有相应权限的时候，这些广告库就会使用这些权限，进行越权行为。

Demetriou 等人[27]研究了 Android 平台上广告库可能引起的用户数据泄露问题，并提出了一个分析应用潜在问题的框架。广告库可以通过四种方式来获取用户的隐私信息：(1)通过调用未受权限保护的 API 来获取用户安装的应用列表；(2)从宿主应用继承权限来访问敏感数据；(3)访问宿主应用的私有文件；(4)监视用户在宿主应用的输入。研究结果表明，获取应用列表可以用来推测用户个人属性信息(年龄、性别、婚姻状况等)，同时应用生成的文件以及资源文件中的信息均可以被广告库所利用。Meng 等人[28]对广告网络的定制化广告行为进行分析，研究结果表明广告网络不仅能准确分析用户的兴趣，还能够分析用户的收入、宗教信仰等隐私信息，并用于定制化投放广告。

3.1.3　用户和开发者遇到的权限问题

1. 困难的权限管理

研究表明，移动用户和应用开发者多数缺少安全意识。很多研究工作[29~33]研究了用户对权限的理解、管理和使用情况，结果表明用户对于权限的理解不足，以及不能对权限进行有效的管理。同时，还有研究工作分析了应用开发者的安全意识[34]。

用户对权限的理解和管理：移动用户通常会忽略安装应用时的安全警告[29,32,33]，同时由于他们对于权限的理解不足[29,30]，以及移动用户并不了解应用所收集的隐私信息[29,31]，导致他们不能有效地对应用的权限进行管理。Felt 等人[29]对 Android 的权限机制进行了可用性研究，他们对 308 个 Android 用户进行网上调研，以及对 25 个用户进行实验室调研。研究结果表明只有 17%的用户在安装应用时重视应用的权限申请，只有 3%的网络调研用户能够准确地回答三个跟权限理解相关的问题。这说明当前的权限提示并不能帮助用户进行有效的隐私控制。Mylonas 等人[32]和 Kelley 等人[33]的研究表明用户在选择应用时通常会忽略与安全和隐私相关的属性，包括应用的评分，用户评论以及隐私协议等。同时，一些研究工作[32,33]表明很多用户没有意识到应用中的安全风险，他们认为应用市场的管理者已经对应用进行了详细测试和安全检查。

Felt 等人[35]对于移动用户所关心的隐私问题做了调研，研究结果发现 Android 对权限的划分与用户所关心的隐私问题并不相符。他们列举了 99 个手机上的隐私风险，然后对 3 115 个用户进行调研，让用户对这些隐私风险打分，最后根据结果来对用户关注的隐私问题进行排序。通过将用户关心的隐私问题与 Android 中的权限分类进行对比，结果发现 Android 对权限的划分与用户所关心的隐私问题并不相符。例如，SET_TIME 权限是高危险权限，但这个权限是用户最不关心的。此外，照片访问是用户最为关心的隐私问题，但 Android 系统并没有针对照片访问的权限。他们的研究建议 Android 权限系统可以按照用户所关心的隐私问题进行设计。

应用开发者的安全意识：Balebako 等人[34]研究了移动应用开发者的安全和隐私保护意识。他们对 228 个开发者进行调研以及对 19 个开发者进行面谈。结果表明，较小公司中的开发者不太关注应用的安全和隐私行为。同时，开发者并不清楚他们使用的第三方库中对隐私信息的使用情况。此外，由于很多应用开发者并不是安全专家，他们对所开发应用中用于交互的构件没有进行权限保护，因此可能会造成权限提升攻击问题。

2. 权限使用的意图

移动应用使用敏感权限有不同的意图。一个应用使用敏感权限还可以有多种不同行为，如使用位置信息进行地图搜索、地理位置标记、定制化广告、第三方分析等。用户主要通过应用描述来了解应用的行为，但是之前的研究表明超过 90%的应用没有准确的在描述中解释所用到的权限[36,37]。Android 没有提供机制可以让开发者说明其使用权限的意图。尽管 Google 建议开发者在上传应用时发布隐私条例文档(Privacy Policy)，即开发者需要声明用户相关的隐私信息如何被使用、收集或分享，但很多应用行为与其隐私条例的不一致性存在滥用权限和隐私泄露的风险。

移动用户也无法准确了解应用如何使用隐私信息，更不能根据其隐私偏好对隐私信息的访问进行细粒度控制，如只允许应用使用位置信息做地图搜索而不能用于定向广告和第三方分析。理解应用使用隐私信息的意图，一方面可以更加尊重用户的隐私，使用户可以更加了解应用的行为；另一方面还可以帮助对应用进行细粒度访问控制。

3. 用户的期望与应用功能的差距

现阶段很多研究工作都侧重于分析应用的权限、代码或实时监测来检测应用行为是否恶意，却忽略考虑用户心中所期望的应用行为。研究工作表明，应用的实际行为与用户的期望之间存在着差距[38]。通常情况下，应用不会在描述中说明申请敏感权限的原因，然而大部分恶意应用都会请求一些和应用功能无关的权限。例如，一个恶意壁纸应用会使用精确位置权限获取用户的 GPS 位置信息。但是对于一个 GPS 定位应用，将地理位置信息通过网络发送出去是正常行为，而并非隐私泄露。同理，一个用于 Root 手机的应用，通过利用权限提升漏洞获取 Root 权限的行为也应被看成是正常行为。因此,用户所期望的应用功能和应用实际行为的差异应当是检测恶意应用的重要指标。然而,现有的权限机制以及大部分研究工作都没有考虑用户的期望。

3.2 Android 权限机制优化

针对以上总结的权限问题,很多研究工作关注于对 Android 权限机制的优化。这些研究工作包括帮助用户更好地理解和管理权限,针对应用的权限冗余问题进行检测和优化,防御权限提升攻击,对权限进行细化以及使用基于上下文的权限,将第三方库与应用权限分离,解决用户的期望与应用功能的差距,分析应用使用权限的意图。

3.2.1 权限理解和权限管理

1. 帮助用户理解权限

Liccardi 等人[39]提出修改 Google Play 的权限界面,增加一个关于应用可能泄露隐私信息的度量值(即隐私评分),以及提醒用户如果使用相关的权限可能泄露的隐私信息。其目的是为了让无经验的用户能够理解权限界面的含义,进而了解应用的行为。Sarma 等人[40]针对应用中异常的权限使用发出安全警告,以此来提醒用户或者开发者。其思路是,如果应用请求的权限也被其他大部分跟它同类别的应用所请求,则说明这个权限是应用所需要的;否则,则说明这个应用的权限请求与其他具有相似功能的应用不同,需要特别注意。当应用触发这样一个安全警告时,用户可以了解其中的原因,以及决定是否要使用这个应用。当开发者注意到其应用触发安全警告时,可以促进自己改进应用。Amini 等人[41]开发了 Gort 工具,它结合了众包技术以及动态分析技术,能够帮助用户理解隐私信息的使用以及标记应用中的异常行为。

2. 帮助用户进行权限设置

相关研究工作主要包括两部分:一部分研究工作对用户推荐权限,帮助用户进行权限设置;另一部分研究工作关注于移除权限的影响以及通过虚拟隐私信息来达到用户隐私和应用功能之间的权衡。

权限设置:Liu 等人[42]研究了用户在使用 LBE 权限管理[43]对应用进行权限设置时的隐私偏好。研究结果表明,虽然用户的隐私设置各异,但是很多用户的隐私偏好相似,可以对用户的隐私偏好分类。对于每一类用户可以提供一个隐私配置来帮助用户设置权限。在此基础之上,Lin 等人[44]考虑了应用使用权限的意图,然后通过众包的方法来衡量用户对于不同意图的权限使用的接受程度,从而分析用户的隐私偏好以及对用户的隐私配置进行分类。Ismail 等人[45]使用众包的方法对应用在不同权限设置下的可用性进行研究,分析了用户对于不同权限设置下可用性的接受程度,从而为不同用户推荐权限设置。ASPG[46]提出根据应用的描述产生语义权限,即通过自然语言处理技术对应用的描述进行分析来获取其所使用的权限,然后对应用所申请的权限进行优化来设置应用能够正常运行所需的最小权限。

移除冗余权限:还有一些相关研究工作关注于帮助用户移除冗余权限,分析移除权限的影响。很多第三方权限管理工具可以对权限进行细粒度控制,如 LBE 权限管理工具[43]。Kennedy 等人[47]研究了从应用中移除单个权限之后的影响。他们开发了一个测试系统从 Android 应用中移除权限,然后分析哪些移除的权限会造成应用崩溃。研究发现有 6%的应用在移除权限后，会在运行时崩溃。造成崩溃的主要原因是开发者没有处理抛出的异常，应用在访问权限保护的数据时如果没有对应权限则会抛出异常。

虚拟隐私信息：MockDroid[48]可以允许用户配置应用的权限，当应用使用没有被用户批准的权限时，MockDroid会给应用返回虚拟隐私信息。针对不同类型的隐私信息，MockDroid有不同的处理方式：对于GPS位置信息，MockDroid返回空值或者一个固定的坐标；对于网络访问，MockDroid允许应用打开Socket链接，但是访问会超时；对于日历或者联系人信息，MockDroid会返回空值；对于设备ID，MockDroid会返回一个虚假值；对于应用收发广播消息，其他应用不会收到它发送的消息，同时该应用也不会收到其他应用所发消息。TISSA[49]允许用户对应用设置不同的隐私策略。当应用请求隐私数据时，根据用户制定的策略，TISSA可以返回给应用空值、匿名值或虚假值来保护用户的隐私。AppFence[50]提供了两种隐私控制机制：一种与MockDroid和TISSA类似，通过为应用提供虚拟隐私数据来禁止应用对隐私的获取；另一种机制是允许应用使用隐私数据，但禁止其将隐私数据发送出去。AppFence使用TaintDroid[51]来追踪隐私信息的使用并阻止隐私信息的泄露。

3.2.2 权限冗余的优化

权限冗余问题相关的研究主要分为两个方面。首先，最主要的是如何检测权限冗余。相关的研究工作[2,3,16]通过静态分析或者自动化测试的方式建立从Android API到权限的映射关系(permission mapping)，然后通过分析应用中的API使用，可以得到应用的使用权限，从而检测出存在权限冗余问题的应用。此外，还有一些研究工作[1,52]帮助开发者准确申请权限，在应用开发阶段对权限冗余问题进行优化。

1. 检测权限冗余

Felt等人[3]通过自动化测试的方法建立了一个从Android API到Android权限标签的一个映射关系，然后发布检测应用权限的工具STOWAWAY。其他相关研究工作[2,16]通过对Android系统框架静态分析的方式建立从Android API到Android权限标签的映射关系。例如，PScout[2]首先找到Android系统框架中所有的权限检查点，并对其进行标记。然后，对整个Android系统框架建立一个调用图，使用向后遍历的可达性分析来检测每一个Android API是否有路径可以到达权限检查点，从而建立Android API与权限之间的映射关系。在建立从Android API到Android权限标签的映射关系之后，通过分析应用中的API使用，可以得到应用的使用权限，从而检测出存在权限冗余问题的应用。

然而，这些研究工作存在一些局限性。首先，这些工作都是先建立一个从Android API到Android权限的映射关系，但是这些映射关系覆盖并不完整。例如，STOWAWAY只能覆盖Android 2.2系统中85%的API。PScout[2]和Alexandre等人[16]的研究对于受系统内核控制的权限不能建立权限与API之间的映射关系。例如，Alexandre等人[16]在Android2.2系统中只能分析115个权限中的71个权限。其次，目前的研究工作都是通过静态分析应用的代码来检测应用实际所用到的API，进而分析应用使用的权限。静态分析存在两个局限性：(1) 对于应用的动态特征不能很好地处理。一方面，Android应用中大量地使用Java反射机制。对于使用反射机制的应用不能通过简单的静态分析获得应用使用哪些API的信息。另一方面，Android应用中可以使用动态加载机制从外部加载代码，在这种情况下也不能使用静态分析来判断应用使用了哪些权限。(2)一些API的调用是否需要权限保护与运行时上下文环境相关。例如，API“android.media.MediaPlayer.start”的调用需要申请WAKE_LOCK权限当且仅当 API "MediaPlayer. setWakeMode"在之前被调用。目前的研究工作[2,3,16,19]对这两个问题都不能很好地解决。

2. 帮助开发者申请权限

为了解决权限冗余问题，一些研究工作提出在应用开发阶段对权限冗余进行优化。研究工作[1,52]开发 Eclipse IDE 插件来帮助开发者在开发应用时申请权限。在开发应用过程中，通过分析应用源代码中 API 的使用，能够检测应用中使用到的权限，从而可以分析应用是否存在权限冗余问题，以及可以推荐权限给开发者。

3.2.3 防御权限提升攻击

为了防止权限提升攻击的发生，需要追踪以及控制应用通过构件间通信（Inter-Component Communication，ICC）传递的信息流。Dietz 等人[23]提出 QUIRE 来防止混淆代理人攻击。QUIRE 追踪并记录了 ICC 调用链，因此被请求的应用可以分析整个与请求相关的调用链，从而可以防止由不可信应用所发出的 ICC 请求以及虚假请求。为了防止混淆代理人攻击，在源应用没有相应权限的情况下，QUIRE 会拒绝 ICC 请求。QUIRE 为开发者提供了一个访问控制模型，并由开发者自定义如何处理，但没有从根源上防止权限提升攻击，并且不能防止由共谋应用带来的权限提升攻击。Felt 等人[21]提出了 IPC Inspection，其思路是当一个应用接收到来自拥有更少权限的其他应用的调用时，该应用的权限会减少为该应用与调用应用权限的交集。XmanDroid[53]在运行时追踪应用间的交互请求，并分析其是否遵循事先定义好的安全策略，从而阻止应用之间的共谋攻击。例如，一个能够记录用户打电话的应用不能跟一个有网络权限的应用进行交互。同时，XmanDroid 对 Android 系统中的 ActivityManager 进行扩展，能够检测通过系统服务以及 Content Provider 建立隐私通道的共谋攻击。

3.2.4 细粒度/基于上下文的权限

1. 权限的细化

Dr. Android and Mr. Hide[5]在不需要更改系统的情况下，对 Android 应用的权限使用进行细化。他们将 Android 系统中普通级别和危险级别的权限进行分类，然后对每一类权限使用不同的细化策略。例如，对于外部资源的访问（如访问网络，收发短信，读写外部存储等），使用一个白名单来允许对特定参数指定资源的访问（域名、号码或目录等），或者使用一个黑名单来禁止对特定参数指定资源的访问。对于访问结构化的用户信息（如日历、联系人等），根据这些信息的结构，引入不同的参数来细化对这些信息的访问权限。例如，只能访问联系人信息的一部分（如姓名、电话），或者只能访问部分分组的联系人等。对于传感器的访问（如 GPS、麦克风等），引入细粒度参数来控制访问这些信息的精确度，比如将精确位置的低阶位截断等。对于系统状态和设置的访问（如 READ_PHONE_STATE 和 WRITE_SETTINGS），通过增加细粒度参数控制，比如 ReadPhoneState（UniqueID）只有读取 IMEI 号码的权限。在具体使用中，Dr. Android and Mr. Hide 首先对应用进行静态分析来检测应用使用到的细粒度权限。例如，如果分析到应用只需要访问域名 d，那么该应用就会被授予访问该域名的权限 InternerURL(d)，而不是访问整个网络的权限。然后，通过对应用 Dalvik 字节码的修改来对应用权限细化。经过修改之后的应用在访问由细粒度权限控制的资源和信息时，需要向一个细粒度权限管理和控制服务发送请求，该服务会检查应用的权限并决定是否允许其访问对应资源。

2. 基于规则的权限控制

Kirin[54]通过制定一系列的安全策略规则来检查应用的申请权限是否与这些规则相冲突。每条安全规则策略对应一系列的权限组合,Kirin认为一些权限的组合可能是危险的,因此通过制定这些规则来识别潜在的危害。例如,Kirin的一条规则要求应用不能在打电话时录音和连接网络。在应用安装时,Kirin会对应用进行安全检查。Kirin从应用中提取其申请的权限,然后使用预先设置好的安全规则策略进行检查。如果该应用的安全配置(申请的权限)能够通过Kirin的安全检测,则该应用可以安装。否则,Kirin会删除该应用或者通知用户。Saint[55]通过一系列策略来保护应用交互的安全。Saint使得开发者能够细粒度地控制应用的接口访问,例如开发者可以控制接口能够被哪些应用所访问以及如何被它们使用。Apex[56]允许用户根据需求对应用的权限使用进行有条件地控制,比如限制权限使用的次数(如短信发送的数量),限制权限使用的时间范围(如能够访问GPS信息的时间)等。Ausasium[57]通过对应用插桩,加入用户级别的沙盒以及策略执行代码,来检测应用在运行时的敏感行为,例如尝试获取用户隐私信息,在后台与特定号码发送短信,访问恶意的网络地址等。Ausasium通过拦截对相关API的调用来检测这些危险的行为,当检测到相关的行为之后,Ausasium会提示用户是否允许行为的发生。

3. 基于上下文的权限控制

Conti等人提出了CRePE[58],一个基于上下文信息的细粒度访问控制系统。CRePE制定了很多细粒度的安全策略,考虑了位置、时间、温度、噪音等环境因素。Bai等人[59]提出了情境感知的使用控制机制,将情境信息应用到使用控制中,以加强移动平台上的数据和资源保护的效果。通过情境感知的使用控制系统,智能手机用户能够定义与之相关的情境信息,并描述细粒度的、情境感知的使用控制策略。

3.2.5 第三方库与应用核心代码权限分离

AdDroid[11]引入一些针对广告库的API和权限,可以使广告库的功能从应用中分离出来。在AdDroid中,应用不再需要集成广告库,而是通过使用系统中扩展的广告API来集成广告功能。应用需要使用广告API来配置一些信息,如要使用的广告平台以及广告的上下文信息等。广告API会从广告平台服务器获取广告,处理UI事件。同时,AdDroid在系统中增加了两个权限,ADVERTISING和LOCATION_ADVERTISING。需要使用广告API的应用申请这些权限,并且不需要专门为广告库申请系统权限,如位置权限。AdSplit[12]对Android系统进行了扩展,使得应用与其所使用的广告库运行在不同的进程中。应用的Activity与广告库的Activity一一对应,并且它们分别在不同的进程中,有着不同的uid。Roesner等人[60]提出通过修改Android系统来允许在应用界面中嵌入广告的UI,但并不赋予广告库敏感数据和权限。PEDAL[61]首先使用机器学习方法从应用中识别广告库的代码,然后对应用进行插桩,在获取隐私信息以及传播的地方来对广告库进行访问控制。

3.2.6 解决用户的期望与应用功能的差距

很多研究工作尝试解决用户的期望与应用功能的差距,包括分析应用描述与应用请求权限之间的差别[36,37],分析应用描述与应用实际功能之间的差别[62,63]。

WHYPer[36]基于用户所期望的应用行为,提出使用基于自然语言处理的技术在应用描述和应用请求的权限之间建立一种映射关系,并用这种映射关系量化应用功能和应用真实行为之间的差异性。实验结果表明，自然语言处理技术能够有效地识别出这种差异性，并能准确对应用提供风险评估。此外，AutoCog[37]提出了一种结合机器学习和自然语言处理的方法，该方法利用大量的数据生成应用描述和应用请求权限之间的关系模型，从而使分析结果更精准和全面。

CHABADA[62]通过研究应用描述与应用实际功能之间的差别，来找到可能的恶意应用。CHABADA 首先对很多应用的描述进行分析，使用隐含狄利克雷分布（Latent Dirichlet Allocation，LDA）文档主题生成模型找到应用描述中相关的主题，每个应用对应一个主题向量。然后，根据主题向量对应用进行聚类，即描述中相似主题的应用会被聚在一起。对于聚在一起的应用，CHABADA 检查应用中敏感 API 的使用，然后找出同类别应用中 API 使用异常的应用。

当前应用描述更多的是关于应用的功能，而没有涉及应用中信息泄露的行为。因此，Zhang 等人[63]提出自动化工具 DESCRIBEME，通过自动分析应用，为该应用生成有关隐私信息泄露的描述。首先通过程序分析，生成应用的行为图，包含敏感 API 的调用，API 的参数以及触发 API 的条件等。其次，分析 API 调用关系的模式，压缩第一步产生的行为图。最后，利用自然语言处理的方式，生成对应用有关隐私信息泄露的描述。

基于应用 UI 界面的分析：PERUIM[64]和 AsDroid[65]使用程序分析技术识别与应用界面元素相应的权限，分析 UI 权限与 UI 组件中文本信息的差异，从而检测潜在的恶意应用。基于应用敏感行为相关的 GUI 操作序列，AppIntent[66]分析隐私信息的泄露是否为用户触发，从而检测潜在的恶意行为。尽管这些研究工作尝试从用户角度出发，分析并解决用户期望与应用行为的差异问题，但大部分应用并没有完整的应用描述或者 UI 描述信息。例如，超过 90%的应用都没有完整的在描述中说明使用权限的原因[26]。

3.2.7 分析应用使用权限的意图

Lin 等人[38]通过分析应用中第三方库的使用来分析权限使用的意图。他们对近 400 个第三方库进行功能分类，然后通过静态分析权限使用的位置来判断其意图。他们使用众包的技术来研究对于不同权限使用意图的不同（如使用位置权限做定向广告以及使用位置权限用于社交网络），用户的接受程度。研究结果表明，应用使用权限的意图以及用户对于应用的期望，这两项因素会对用户的应用接受程度以及用户的隐私模型会产生影响。然而，他们只分析了第三方库中的权限使用，而对于应用核心代码中权限使用的意图没有分析。

3.3 权限分析相关的工具

本节介绍与权限分析相关的工具。在对移动应用进行权限分析时，经常需要分析应用实际使用了哪些敏感权限（used permissions）。一方面，可以将应用实际使用的敏感权限与其声明的敏感权限（declared permissions）进行对比，发现应用是否存在权限过度申请的问题。另一方面，通过分析应用实际的敏感行为，可以进行异常行为分析。例如，在 CHABADA 中，研究人员将应用根据描述聚类，然后分析同一类别中应用的异常行为。

如前所述，为了分析应用实际使用的敏感权限，需要将应用反编译之后分析其使用的敏感 API。而这里就需要一个 API 与权限的映射关系，即如何找到哪些 API 是受权限保护的。

STOWAWAY 和 PScout 是最常用的两个工具，他们分别都构造了 API 到敏感权限的映射关系。

以下介绍 PScout 工具的使用。

1. PScout 简介

PScout 是一个开源的项目，它的主要工作是通过对 Android 源码进行静态分析，提取出安卓系统中的 API(包括声明的 API 和未声明的 API) 和对应的权限的关系。对于某一特定应用，可以在通过静态分析获取它的 API 统计信息后，使用 PScout 的结果，对应用的局部或整体的安全性和隐私性进行衡量。

2. PScout 安装

PScout 的统计结果详见：

https://github.com/zyrikby/PScout/tree/master/results

可以直接下载使用。目前结果更新到最高 API Level 22(Android 5.1)的系统。

3. PScout 使用

通过反编译应用文件，并对 Smali 代码进行静态分析，可以获得应用调用 API，ContentProvider 以及 Intent 信息。通过以下三种途径使用 PScout，可以获得应用与权限之间的对应关系。

(1) API-Permission Mapping

这是使用 PScout 最主要的途径。PScout 提供了 API 与权限的对应关系，以 ACCESS_FINE_LOCATION 权限为例：

android.permission.ACCESS_FINE_LOCATION 是安卓系统中获取精确定位的权限。拥有这个权限后，应用可以通过 GPS 获得设备的精确定位，因此该权限往往涉及隐私泄露的问题。

在 Android 5.1 的系统中，PScout 展示了使用该权限的全部 24 个声明的 API 以及 162 个未声明的 API，其中 24 个声明的 API 如图 3-5 所示。

```
Permission:android.permission.ACCESS_FINE_LOCATION
24 Callers:
<android.location.LocationManager: void requestLocationUpdates(java.lang.String,long,float,android.app.PendingIntent)>
<android.location.LocationManager: void requestLocationUpdates(android.location.LocationRequest,android.app.PendingIntent)>
<android.location.LocationManager: boolean addGpsStatusListener(android.location.GpsStatus$Listener)>
<android.location.LocationManager: void requestSingleUpdate(android.location.Criteria,android.location.LocationListener,android.os.Looper)>
<android.location.LocationManager: void removeUpdates(android.location.LocationListener)>
<android.location.LocationManager: void requestLocationUpdates(android.location.LocationRequest,android.location.LocationListener,android.os.Looper)>
<android.location.LocationManager: void addProximityAlert(double,double,float,long,android.app.PendingIntent)>
<android.location.LocationManager: java.util.List getProviders(boolean)>
<android.location.LocationManager: boolean addNmeaListener(android.location.GpsStatus$NmeaListener)>
<android.location.LocationManager: boolean sendExtraCommand(java.lang.String,java.lang.String,android.os.Bundle)>
<android.location.LocationManager: void requestSingleUpdate(android.location.Criteria,android.app.PendingIntent)>
<android.location.LocationManager: void requestLocationUpdates(android.location.LocationRequest,android.location.LocationListener,android.os.Looper,android.app.PendingIntent)>
<android.location.LocationManager: void requestLocationUpdates(long,float,android.location.Criteria,android.app.PendingIntent)>
<android.location.LocationManager: void requestSingleUpdate(java.lang.String,android.location.LocationListener,android.os.Looper)>
<android.location.LocationManager: void removeProximityAlert(android.app.PendingIntent)>
<android.location.LocationManager: android.location.LocationProvider getProvider(java.lang.String)>
<android.location.LocationManager: void requestLocationUpdates(java.lang.String,long,float,android.location.LocationListener)>
<android.location.LocationManager: java.lang.String getBestProvider(android.location.Criteria,boolean)>
<android.location.LocationManager: android.location.Location getLastKnownLocation(java.lang.String)>
<android.location.LocationManager: void removeUpdates(android.app.PendingIntent)>
<android.location.LocationManager: void requestLocationUpdates(java.lang.String,long,float,android.location.LocationListener,android.os.Looper)>
<android.location.LocationManager: void requestLocationUpdates(long,float,android.location.Criteria,android.location.LocationListener,android.os.Looper)>
<android.location.LocationManager: void requestSingleUpdate(java.lang.String,android.app.PendingIntent)>
<android.location.LocationManager: java.util.List getProviders(android.location.Criteria,boolean)>
```

图 3-5　使用 ACCESS_FINE_LOCATION 权限的 24 个声明的 API

通过将应用的 API 调用信息与 API-Permisstion 的对应关系进行交叉对比，即可获得应用是否调用了定位权限，以及在代码中具体定位调用该权限的位置的信息。

(2) ContentProvider-Permission Mapping

PScout 提供了安卓系统自带的 ContentProvider、ContentProviderField 与权限的对应关系。如读取短信权限 READ_SMS 对应 31 个 ContentProviderField(图 3-6)，以及 4 个 ContentProvider(图 3-7)。

```
PERMISSION:android.permission.READ_SMS
<com.android.server.MmsServiceBroker: android.net.Uri FAKE_SMS_DRAFT_URI>
<com.android.internal.telephony.SmsBroadcastUndelivered: android.net.Uri sRawUri>
<android.provider.Telephony$Sms$Conversations: android.net.Uri CONTENT_URI>
<android.provider.Telephony$MmsSms: android.net.Uri CONTENT_CONVERSATIONS_URI>
<android.provider.Telephony$Mms: android.net.Uri REPORT_REQUEST_URI>
<android.provider.Telephony$Mms$Draft: android.net.Uri CONTENT_URI>
<android.provider.Telephony$Mms: android.net.Uri CONTENT_URI>
<android.provider.Telephony$MmsSms$PendingMessages: android.net.Uri CONTENT_URI>
<android.provider.Telephony$MmsSms: android.net.Uri CONTENT_UNDELIVERED_URI>
<android.provider.Telephony$MmsSms: android.net.Uri SEARCH_URI>
<android.provider.Telephony$Mms$Sent: android.net.Uri CONTENT_URI>
<android.provider.Telephony$MmsSms: android.net.Uri CONTENT_FILTER_BYPHONE_URI>
<android.provider.Telephony$Mms$Rate: android.net.Uri CONTENT_URI>
<android.provider.Telephony$Threads: android.net.Uri OBSOLETE_THREADS_URI>
<android.provider.Telephony$MmsSms: android.net.Uri CONTENT_URI>
<android.provider.Telephony$Sms$Sent: android.net.Uri CONTENT_URI>
<android.provider.Telephony$Sms$Draft: android.net.Uri CONTENT_URI>
<android.provider.Telephony$Threads: android.net.Uri CONTENT_URI>
<com.android.internal.telephony.InboundSmsHandler: android.net.Uri sRawUri>
<android.provider.Telephony$Sms$Inbox: android.net.Uri CONTENT_URI>
<com.android.server.MmsServiceBroker: android.net.Uri FAKE_SMS_SENT_URI>
<android.provider.Telephony$Mms: android.net.Uri REPORT_STATUS_URI>
<android.provider.Telephony$MmsSms: android.net.Uri CONTENT_LOCKED_URI>
<android.provider.Telephony$Mms$Outbox: android.net.Uri CONTENT_URI>
<com.android.server.MmsServiceBroker: android.net.Uri FAKE_MMS_DRAFT_URI>
<android.provider.Telephony$Sms: android.net.Uri CONTENT_URI>
<android.provider.Telephony$MmsSms: android.net.Uri CONTENT_DRAFT_URI>
<com.android.server.MmsServiceBroker: android.net.Uri FAKE_MMS_SENT_URI>
<android.provider.Telephony$Sms$Outbox: android.net.Uri CONTENT_URI>
<android.provider.Telephony$Threads: android.net.Uri THREAD_ID_CONTENT_URI>
<android.provider.Telephony$Mms$Inbox: android.net.Uri CONTENT_URI>
```

图 3-6 使用 READ_SMS 权限的 31 个 ContentProviderField

```
content://mms R android.permission.READ_SMS
content://mms-sms R android.permission.READ_SMS
content://sms R android.permission.READ_SMS
content://com.android.mms.SuggestionsProvider R android.permission.READ_SMS
```

图 3-7 使用 READ_SMS 权限的 4 个 ContentProvider

(3) Intent-Permission Mapping

PScout 还提供了安卓系统自带的 Intent 与权限的对应关系。如负责拨号操作的 Intent "android. intent. action. CALL"对应"android. permission. CALL_PHONE"权限。

3.4 本章小结

本章首先分析了 Android 平台上的权限问题,可以分为三类:一类是 Android 权限机制本身存在的问题;第二类是由于 Android 权限机制不完善所造成应用中存在的权限问题;第三类是用户和开发者在使用中遇到的权限问题。针对这些问题,本章对权限机制的优化进行了综述,包括帮助用户更好地理解和管理权限,针对应用的权限冗余问题进行检测和优化,防御权限提升攻击,对权限进行细化以及使用基于上下文的权限,将第三方库与应用权限分离,解决用户的期望与应用功能的差距，以及分析应用使用权限的意图。最后，本章介绍了权限分析中常用的工具 PScout 的使用。由于权限分析通常是 Android 应用分析中的第一步，希望读者能够熟悉这部分内容，并且熟悉工具的使用。

本章参考文献

[1] Vidas T, Christin N, Cranor L. Curbing android permission creep[C]//Proceedings of the Web. [S. l.]:[s. n.],2011: 91-96.

[2] Au K W Y, Zhou Y F, Huang Z, et al. Pscout: analyzing the android permission specification [C]//Proceedings of the 2012 ACM conference on Computer and communications security. Raleigh, North Carolina: ACM, 2012: 217-228.

[3] Felt A P, Chin E, Hanna S, et al. Android permissions demystified[C]//Proceedings of the 18th ACM conference on Computer and communications security. Chicago, Illinois: ACM, 2011: 627-638.

[4] Stevens R, Ganz J, Filkov V, et al. Asking for (and about) permissions used by android apps[C]//Proceedings of the 10th Working Conference on Mining Software Repositories. San Francisco, CA: IEEE Press, 2013: 31-40.

[5] Jeon J, Micinski K K, Vaughan J A, et al. Dr. Android and Mr. Hide: fine-grained permissions in android applications[C]//Proceedings of the second ACM workshop on Security and privacy in smartphones and mobile devices. Raleigh, North Carolina: ACM, 2012: 3-14.

[6] Barrera D, Kayacik H G, Van Oorschot P C, et al. A methodology for empirical analysis of permission-based security models and its application to android[C]//Proceedings of the 17th ACM conference on Computer and communications security. Chicago, Illinois: ACM, 2010: 73-84.

[7] Felt A P, Greenwood K, Wagner D. The effectiveness of application permissions[C]//Proceedings of the 2nd USENIX conference on Web application development. Portland, OR: USENIX Association, 2011: 7-7.

[8] Wang H, Guo Y, Ma Z, et al. Wukong: A scalable and accurate two-phase approach to android app clone detection[C]//Proceedings of the 2015 International Symposium on Software Testing and Analysis. Baltimore, MD: ACM, 2015: 71-82.

[9] Book T, Pridgen A, Wallach D S. Longitudinal analysis of android ad library permissions[J]. arXiv preprint arXiv:1303.0857, 2013.

[10] Stevens R, Gibler C, Crussell J, et al. Investigating user privacy in android ad libraries[C]//Workshop on Mobile Security Technologies (MoST). [S. l.]:[s. n.], 2012.

[11] Pearce P, Felt A P, Nunez G, et al. Addroid: Privilege separation for applications and advertisers in android[C]//Proceedings of the 7th ACM Symposium on Information, Computer and Communications Security. Seoul, Korea: ACM, 2012: 71-72.

[12] Shekhar S, Dietz M, Wallach D S. Adsplit: Separating smartphone advertising from applications[C] // Presented as part of the 21st {USENIX} Security Symposium ({USENIX} Security 12). Bellevue, WA: USENIX Association, 2012: 553-567.

[13] Camegie Mellon University. Grading The Privacy Of Smartphone Apps[EB/OL]. (2015-01-01)[2019-03-01]http://privacygrade.org/.

[14] Wikipedia. Principle of least privilege[EB/OL]. (2019-03-14)[2019-03-02]. https://en.wikipedia.org/wiki/Principle_of_least_privilege.

[15] Saltzer J H. Protection and the control of information sharing in Multics[J]. Communications of the ACM, 1974, 17(7): 388-402.

[16] Bartel A, Klein J, Le Traon Y, et al. Automatically securing permission-based software by reducing the attack surface: An application to android[C]//Proceedings of the 27th IEEE/ACM International Conference on Automated Software Engineering. Essen, Germany: ACM, 2012: 274-277.

[17] Davi L, Dmitrienko A, Sadeghi A R, et al. Privilege escalation attacks on android[C]// international conference on Information security. Berlin, Heidelberg: Springer, 2010: 346-360.

[18] Wei X, Gomez L, Neamtiu I, et al. Permission evolution in the android ecosystem[C]// Proceedings of the 28th Annual Computer Security Applications Conference. Orlando, Florida: ACM, 2012: 31-40.

[19] Wu L, Grace M, Zhou Y, et al. The impact of vendor customizations on android security [C]//Proceedings of the 2013 ACM SIGSAC conference on Computer & communications security. Berlin, Germany: ACM, 2013: 623-634.

[20] Bugiel S, Davi L, Dmitrienko A, et al. Towards Taming Privilege-Escalation Attacks on Android[C]//NDSS. San Diego, California: ISOC, 2012, 17: 19.

[21] Felt A P, Wang H J, Moshchuk A, et al. Permission Re-Delegation: Attacks and Defenses [C] // USENIX Security Symposium. San Francisco, CA: USENIX Association, 2011, 30: 88.

[22] Marforio C, Ritzdorf H, Francillon A, et al. Analysis of the communication between colluding applications on modern smartphones[C]//Proceedings of the 28th Annual Computer Security Applications Conference. Orlando, Florida: ACM, 2012: 51-60.

[23] Dietz M, Shekhar S, Pisetsky Y, et al. Quire: Lightweight provenance for smart phone operating systems[C] // USENIX security symposium. San Francisco, CA: USENIX Association, 2011.

[24] Schlegel R, Zhang K, Zhou X, et al. Soundcomber: A Stealthy and Context-Aware Sound Trojan for Smartphones[C] // NDSS. San Diego, California: ISOC, 2011: 17-33.

[25] Davi L, Dmitrienko A, Sadeghi A R, et al. Privilege escalation attacks on android[C]// international conference on Information security. Berlin, Heidelberg: Springer, 2010: 346-360.

[26] Grace M C, Zhou W, Jiang X, et al. Unsafe exposure analysis of mobile in-app advertisements

[C]//Proceedings of the fifth ACM conference on Security and Privacy in Wireless and Mobile Networks. Tucson, Arizona: ACM, 2012: 101-112.

[27] Demetriou S, Merrill W, Yang W, et al. Free for All! Assessing User Data Exposure to Advertising Libraries on Android[C]//NDSS. San Diego, California: ISOC, 2016.

[28] Meng W, Ding R, Chung S P, et al. The Price of Free: Privacy Leakage in Personalized Mobile In-Apps Ads[C]//NDSS. San Diego, California: ISOC, 2016.

[29] Felt A P, Ha E, Egelman S, et al. Android permissions: User attention, comprehension, and behavior[C]//Proceedings of the eighth symposium on usable privacy and security. Washington, D.C.: ACM, 2012: 3.

[30] R Böhme. The economics of information security and privacy[M]. Berlin Heidelberg: Springer-Verlag, 2013.

[31] Shklovski I, Mainwaring S D, Skúladóttir H H, et al. Leakiness and creepiness in app space: Perceptions of privacy and mobile app use[C]//Proceedings of the 32nd annual ACM conference on Human factors in computing systems. Toronto, Ontario: ACM, 2014: 2347-2356.

[32] Mylonas A, Kastania A, Gritzalis D. Delegate the smartphone user? Security awareness in smartphone platforms[J]. Computers & Security, 2013, 34: 47-66.

[33] Kelley P G, Consolvo S, Cranor L F, et al. A conundrum of permissions: installing applications on an android smartphone[C]//International conference on financial cryptography and data security. Berlin, Heidelberg: Springer, 2012: 68-79.

[34] Balebako R, Marsh A, Lin J, et al. The privacy and security behaviors of smartphone app developers[J]. 2014.

[35] Felt A P, Egelman S, Wagner D. I've got 99 problems, but vibration ain't one: a survey of smartphone users' concerns[C]//Proceedings of the second ACM workshop on Security and privacy in smartphones and mobile devices. Raleigh, North Carolina: ACM, 2012: 33-44.

[36] Pandita R, Xiao X, Yang W, et al. {WHYPER}: Towards Automating Risk Assessment of Mobile Applications[C]//Presented as part of the 22nd {USENIX} Security Symposium ({USENIX} Security 13). Washington, D.C.: USENIX Association, 2013: 527-542.

[37] Qu Z, Rastogi V, Zhang X, et al. Autocog: Measuring the description-to-permission fidelity in android applications[C]//Proceedings of the 2014 ACM SIGSAC Conference on Computer and Communications Security. Scottsdale, Arizona: ACM, 2014: 1354-1365.

[38] Lin J, Amini S, Hong J I, et al. Expectation and purpose: understanding users' mental models of mobile app privacy through crowdsourcing[C]//Proceedings of the 2012 ACM conference on ubiquitous computing. Pittsburgh, Pennsylvania: ACM, 2012: 501-510.

[39] Liccardi I, Pato J, Weitzner D J, et al. No technical understanding required: Helping users make informed choices about access to their personal data[C]//Proceedings of the 11th International Conference on Mobile and Ubiquitous Systems: Computing,

Networking and Services. London, United Kingdom: ICST (Institute for Computer Sciences, Social-Informatics and Telecommunications Engineering), 2014: 140-150.

[40] Sarma B P, Li N, Gates C, et al. Android permissions: a perspective combining risks and benefits[C]//Proceedings of the 17th ACM symposium on Access Control Models and Technologies. Newark, New Jersey: ACM, 2012: 13-22.

[41] Amini S, Lin J, Hong J I, et al. Mobile application evaluation using automation and crowdsourcing[C]//2013 PETools[s. n.][s. l.].

[42] Liu B, Lin J, Sadeh N. Reconciling mobile app privacy and usability on smartphones: Could user privacy profiles help? [C] // Proceedings of the 23rd international conference on World wide web. Seoul, Korea: ACM, 2014: 201-212.

[43] LBE Privacy Guard[Z]. https://play. google. com/store/apps/details? id=com. lbe. security. lite.

[44] Lin J, Liu B, Sadeh N, et al. Modeling users' mobile app privacy preferences: Restoring usability in a sea of permission settings[C] // 10th Symposium On Usable Privacy and Security ({SOUPS} 2014). California: ACM, 2014: 199-212.

[45] Ismail Q, Ahmed T, Kapadia A, et al. Crowdsourced exploration of security configurations [C]//Proceedings of the 33rd Annual ACM Conference on Human Factors in Computing Systems. Seoul, Republic of Korea: ACM, 2015: 467-476.

[46] Wang J, Chen Q. ASPG: Generating android semantic permissions[C]//2014 IEEE 17th International Conference on Computational Science and Engineering. Chengdu, China: IEEE, 2014: 591-598.

[47] Kennedy K, Gustafson E, Chen H. Quantifying the effects of removing permissions from android applications[C]//Workshop on Mobile Security Technologies (MoST). [S. l.]:[s. n.], 2013.

[48] Beresford A R, Rice A, Skehin N, et al. Mockdroid: trading privacy for application functionality on smartphones [C] // Proceedings of the 12th workshop on mobile computing systems and applications. Phoenix, Arizona: ACM, 2011: 49-54.

[49] Zhou Y, Zhang X, Jiang X, et al. Taming information-stealing smartphone applications (onandroid) [C] // International conference on Trust and trustworthy computing. Berlin, Heidelberg: Springer, 2011: 93-107.

[50] Hornyack P, Han S, Jung J, et al. These aren't the droids you're looking for: retrofitting android to protect data from imperious applications[C] // Proceedings of the 18th ACM conference on Computer and communications security. Chicago, Illinois: ACM, 2011: 639-652.

[51] Enck W, Gilbert P, Han S, et al. TaintDroid: an information-flow tracking system for realtime privacy monitoring on smartphones[J]. ACM Transactions on Computer Systems (TOCS), 2014, 32(2): 5.

[52] Bello-Ogunu E, Shehab M. PERMITME: integrating android permissioning support in the ide[C]//Proceedings of the 2014 Workshop on Eclipse Technology eXchange. Portland, Oregon: ACM, 2014: 15-20.

[53] Bugiel S, Davi L, Dmitrienko A, et al. Xmandroid: A new android evolution to mitigate privilege escalation attacks[J]. Technische Universität Darmstadt, Technical Report TR-2011-04, 2011.

[54] Enck W, Ongtang M, McDaniel P. On lightweight mobile phone application certification [C]//Proceedings of the 16th ACM conference on Computer and communications security. Chicago, Illinois: ACM, 2009: 235-245.

[55] Ongtang M, McLaughlin S, Enck W, et al. Semantically rich application - centric security in Android [J]. Security and Communication Networks, 2012, 5(6): 658-673.

[56] Nauman M, Khan S, Zhang X. Apex: extending android permission model and enforcement with user-defined runtime constraints[C]//Proceedings of the 5th ACM symposium on information, computer and communications security. Beijing, China: ACM, 2010: 328-332.

[57] Xu R, Saïdi H, Anderson R. Aurasium: Practical policy enforcement for android applications[C]//Presented as part of the 21st {USENIX} Security Symposium ({USENIX} Security 12). Bellevue, WA: USENIX Association, 2012: 539-552.

[58] Conti M, Nguyen V T N, Crispo B. Crepe: Context-related policy enforcement for android[C]//International Conference on Information Security. Berlin, Heidelberg: Springer, 2010: 331-345.

[59] Bai G, Gu L, Feng T, et al. Context-aware usage control for android[C]//International Conference on Security and Privacy in Communication Systems. Berlin, Heidelberg: Springer, 2010: 326-343.

[60] Roesner F, Kohno T. Securing embedded user interfaces: Android and beyond[C]//Presented as part of the 22nd {USENIX} Security Symposium ({USENIX} Security 13). Washington, D. C: USENIX Association 2013: 97-112.

[61] Liu B, Liu B, Jin H, et al. Efficient privilege de-escalation for ad libraries in mobile apps[C]//Proceedings of the 13th annual international conference on mobile systems, applications, and services. Florence, Italy: ACM, 2015: 89-103.

[62] Gorla A, Tavecchia I, Gross F, et al. Checking app behavior against app descriptions [C]//Proceedings of the 36th International Conference on Software Engineering. Hyderabad, India: ACM, 2014: 1025-1035.

[63] Zhang M, Duan Y, Feng Q, et al. Towards automatic generation of security-centric descriptions for android apps[C]//Proceedings of the 22nd ACM SIGSAC Conference on Computer and Communications Security. Denver, Colorado: ACM, 2015: 518-529.

[64] Tang Y, Ames P, Bhamidipati S, et al. CleanOS: Limiting mobile data exposure with idle eviction[C]//Presented as part of the 10th {USENIX} Symposium on Operating Systems Design and Implementation ({OSDI} 12). Hollywood, CA: [s. n.], 2012: 77-91.

[65] Gu B, Li X, Li G, et al. D2taint: Differentiated and dynamic information flow tracking on

smartphones for numerous data sources[C]//2013 Proceedings IEEE INFOCOM. Turin, Italy: IEEE, 2013: 791-799.

[66] Tripp O, Rubin J. A Bayesian approach to privacy enforcement in smartphones[C]//23rd {USENIX} Security Symposium ({USENIX} Security. San Diego, California: USENIX Association, 2014: 175-190.

第4章 第三方库检测和分析技术

第三方库是一种重要的可复用软件资源，并且在移动平台得到应用开发者的重视和日益广泛的应用。开发者可以在应用中使用广告库来增加收入；也可以加入社交网络库，方便用户的登录或交流；还可以使用各种工具库帮助应用开发和增强应用功能。

Google Play 中有超过 60%的应用使用广告库，其他第三方库如社交网络库和第三方分析库也非常流行。甚至有些应用中使用超过 20 个第三方库。第三方库的使用带来新的安全与隐私问题。

第三方库会对移动用户的隐私造成威胁，甚至包括一些流行的第三方库也存在安全问题。很多第三方库使用位置信息和设备唯一标识符(UDID)来追踪用户，目的是推送定制化广告或收集用户隐私信息来谋取利益。研究工作表明，一些流行的第三方库也存在着侵犯用户隐私的行为，如收集用户的邮箱地址等。此外，很多广告库中存在越权行为。广告库通常会在其使用文档中说明需要使用的权限以及可选权限，但是很多广告库会在运行时动态检查应用是否申请其他敏感权限(如 READ_CONTACTS 权限)，并尝试进行越权行为。现有的 Android 平台权限机制中，广告库没有跟宿主应用的核心代码权限分离，即跟宿主应用拥有同样的权限。因此，一旦广告库发现宿主应用拥有某些权限，广告库就会进行一些敏感操作，如调用敏感 API 来读取用户的联系人信息等。这样，隐私信息会在用户和应用开发者不知情的情况下被泄露给广告网络。更为严重的是，最近研究发现一些以第三方库为中心的安全威胁，如修改现有的第三方库以及将恶意代码伪装成正常的第三方库。

本章主要介绍第三方库的检测和分析技术，以及第三方库对移动安全相关研究的影响。首先，对第三方库在移动应用安全分析中的重要性进行介绍。其次，对学术界主流的第三方库检测技术进行总结和对比，然后介绍基于多级聚类的第三方库自动化检测技术和基于机器学习的第三方库自动化分类技术的原理[1]。最后，介绍学术界主流的第三方库检测工具 LibRadar 和 LibScout 的使用方法。本章内容可以作为移动应用分析中的基础，通常在研究中可以应用于对应用的预处理。

4.1 背景知识

本节首先介绍 Android 应用中的第三方库以及它们在应用中如何被使用，然后介绍第三方库的功能分类。

4.1.1 Android 应用中的第三方库

Android 应用的一个特点是很多应用都使用第三方库。这些第三方库通常是被发布成.

class 或者.jar 文件。应用开发者可以使用这些库来构建自己的应用。一个应用可以使用多种第三方库，包括广告库、社交网络库和第三方分析库等。在应用的编译过程中，Java 源代码首先被编译成类文件，然后这些类文件以及第三方库会被编译成 Dalvik 字节码。如图 4-1 所示，以 Groupon 应用为例，在开发者编写源代码时，主程序与第三方库有明显的界线。然而，当源代码被编译为 Dalvik 字节码后，第三方库与主程序之间的界线很难界定，很难判断一个类文件是否属于第三方库，尤其是当代码的包名被混淆之后。

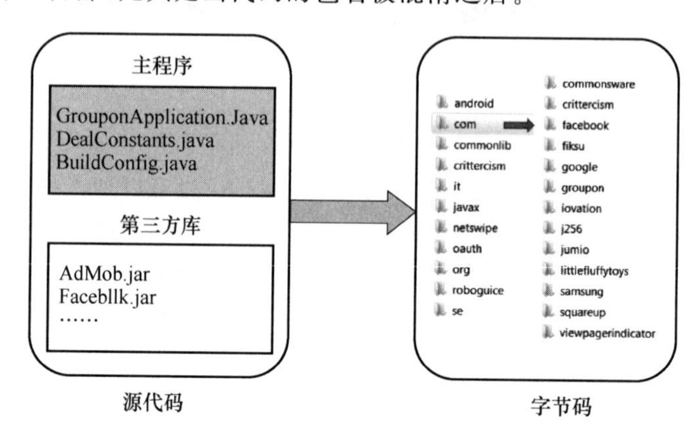

图 4-1　Android 应用从源代码到字节码示意图

4.1.2　第三方库的分类

第三方库提供丰富的功能，除了被广泛使用的广告服务功能，很多第三方库被用来帮助应用开发和增强应用功能。从细粒度分类来看，第三方库可以被划分为许多类别，如图像处理库(android-jhlabs 和 JJIL)，3D 引擎库(Dwarf 和 Godot)，数据库(EasySQLite 和 Flyway)和字体库(Fontain 和 FontDroid)等。这里作者对第三方库的功能分类如表 4-1 所示。

第三方库按功能划分包括广告库、社交网络库、第三方分析、地图和位置服务、游戏引擎和开发工具。这个功能分类是在 AppBrain[2] 和之前的研究工作[3,4] 基础上构建。AppBrain 只将第三方库粗粒度地分为三类，包括"广告库"、"社交网络"和"开发工具"。Lin 等人[3,4] 将第三方库的功能手动标记为 9 类，其中一些类别中只有很少数量的第三方库，如"二级市场"和"支付"，以及一些类别很相似的第三方库，如"开发帮助"和"效用库"。在本章中，作者将其合并为同一种类别"开发工具"。除此之外，作者还新增加一个类别"地图和定位服务"，用来表示提供地图或者定位服务的第三方库，如 OSMDroid。

表 4-1　第三方库的功能分类

功能类别	描　述	例　子
广告库	在移动应用内部嵌入广告，为应用开发者增加收入	AdMob，InMobi
社交网络	在移动应用中嵌入社交网络服务	Facebook，Twitter4j
第三方分析	给应用开发者提供应用的使用数据，包括应用的使用频率以及使用方式等	Flurry，Analytics，Umeng
地图和定位服务	为移动应用提供地图或者定位服务	OSMDroid，RouteDrawer
游戏引擎	提供游戏开发框架来帮助开发游戏	Unity3D，Badlogic
开发工具	帮助应用开发	Jsoup，Oauth

4.1.3 第三方库相关研究工作

很多研究工作关注于移动应用中的第三方库，研究内容包括将第三方库与应用核心代码权限分离，分析隐私信息的使用意图，分析第三方库中的隐私威胁和应用克隆检测等。这些研究工作需要在分析之前对第三方库进行检测、过滤或者对第三方库进行功能分类。

如图4-2所示，作者对移动应用第三方库相关研究进行分类。第三方库相关研究主要分为三大类。首先，很多研究工作关注于第三方库检测方法，包括基于白名单的方法，基于机器学习的方法，基于聚类的方法，基于规则的方法以及基于第三方库特征的方法等。其次，在移动安全的很多研究场景中都需要对第三方库进行分析，包括安全漏洞检测、权限问题分析、恶意应用分析以及应用克隆检测等。最后，移动应用的安全优化研究也常常需要考虑第三方库，如权限隔离以及细粒度访问控制机制等。

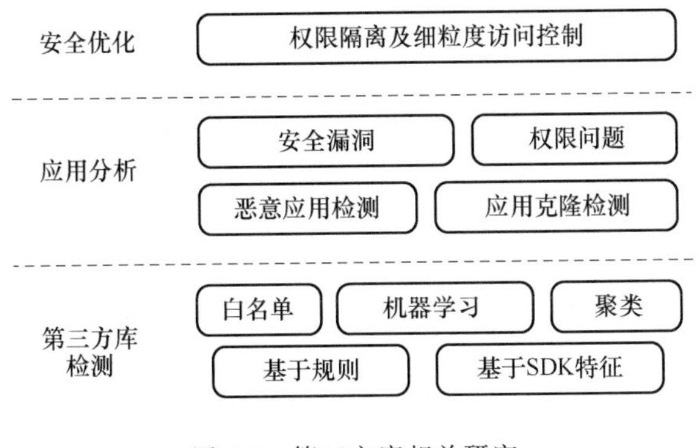

图4-2 第三方库相关研究

4.2 第三方库检测

4.2.1 第三方库检测方法

很多研究工作关注于Android应用中的第三方库，在对应用进行分析之前需要检测应用中使用的第三方库或者识别第三方库的功能类别。例如，一些研究工作[5,6,7]关注于对第三方库做访问控制，需要首先识别出第三方库与开发者自定义代码之间的界限；对于应用克隆检测的研究工作[8~13]，需要首先识别并且过滤第三方库；对于分析隐私信息的使用意图[3,4,14]，需要首先识别使用隐私信息的第三方库及其功能。

从应用字节码中识别第三方库存在很大挑战。大部分工作使用白名单(whitelist)的方式来识别第三方库，即将代码中的包名与已知的第三方库包名进行比较。例如，Centroid[13]使用一个包含73个第三方库的白名单，Lin等人[3,4]手动标记了近400个第三方库，并对其进行功能分类。

然而，白名单方法基于先验知识，很难手动标记一个完整的第三方库列表。同时，随着移动平台的发展，不断会有新的第三方库涌现出来，给维护第三方库白名单增加了困难。之前大部分的研究工作只标记不足 100 个的第三方库，远远少于可用的第三方库数量。除此之外，基于包名检测第三方库并不准确。一方面，研究表明很多第三方库都有着不同程度的代码混淆[7]，这使得通过比较包名来识别第三方库更加困难。另一方面，Hu 等人[18]研究发现一些恶意开发者会修改现有的第三方库，并将恶意代码伪装成正常的第三方库。在这种情况下，白名单的检测方法会错误地将它们检测为正常的第三方库。

表 4-2 中比较了现有第三方库的检测工作。白名单方法是最常用也是最简单的，但是如前所述，这种方法的准确率以及覆盖率都比较低，不能应对代码混淆以及恶意修改库的问题。AdDetect[15]和 PEDAL[7]使用机器学习方法来检测广告库，它们都从代码中提取各种特征，AdDetect 还使用模块解耦(Module Decoupling)技术来分析代码包之间的依赖关系来找到完整的广告库，但是它们只能够检测广告库，并不能使用机器学习的方法来检测其他类型的第三方库。AdDarwin[16]使用基于语义块的特征聚类，检测的粒度是基于代码块，会造成一定的误报，并且不能将第三方库完整地检测出来。此外，Ruiz 等人[19,20]使用正则表达式匹配的方式来检测第三方库，由于准确率和覆盖率都比较低，与白名单方式类似，因此没有将其列在表 4-2 中进行比较。Ma 等人[21]实现了一个工具 LibRadar，该工具使用基于聚类的方法来检测第三方库，能够快速识别应用中属于第三方库的代码。LibScout[17]提出基于结构特征信息，从不同版本的第三方库文件中提取特征文件，然后对应用进行匹配，判断应用是否包含第三方库以及第三方库的版本。

表 4-2 现有第三方库检测方法的比较

代表工作	DroidMoss[9] Juxtapp[10]	AdDetect[15]	PEDAL[7]	AdDarwin[16]	LibScout[17]
方法类型	白名单	机器学习	机器学习	代码块聚类	版本匹配
特征	包名	各种代码特征	各种代码特征	API 特征	结构化哈希特征
检测的第三方库类别	所有第三方库	广告库	广告库	所有第三方库	所有第三方库
粒度	代码包	代码包	子包	代码块	代码包
覆盖率	低	高	高	高	低
准确率	低	高	高	一般	高
处理混淆	否	是	是	是	是

从应用字节码中识别完整的第三方库并不容易，第三方库的自动检测主要面临以下挑战。

(1) 如何处理代码混淆问题

代码混淆(Code Obfuscation)是反逆向工程中常用的技术。在 Android 应用中常用的混淆方式是名字混淆，即将应用的包名、类名以及标识符名混淆成不易阅读和识别的名字。Liu 等人[7]手动检查了 200 个应用，发现其中 107 个应用都包含代码混淆后的广告库。实验中发现很多应用中的包名被混淆成类似于 com/a/b 格式。同时，很多混淆后的代码没有完整的包名，反编译后在代码的根目录下，使得很难通过比较包名来检测第三方库。如图 4-3 所示，第三方库的代码被完全混淆，反编译之后的代码在 Smali 代码的根目录下，没有具体的包名。通过在反编译代码中分析一些关键词，发现它是 Google Adsense 库。此外，之前的研究工作[18]也表明一些恶意开发者会修改第三方库或者创建恶意的第三方库，然后伪装成正常第三方库的包名。因此，仅通过比较包名来识别第三方库并不准确。

```
com                2014/3/31 12:25
a.smali            2014/3/31 12:25
b.smali            2014/3/31 12:25
c$a.smali          2014/3/31 12:25
c$b.smali          2014/3/31 12:25
c.smali            2014/3/31 12:25
d.smali            2014/3/31 12:25
e.smali            2014/3/31 12:25
f.smali            2014/3/31 12:25
g.smali            2014/3/31 12:25
h.smali            2014/3/31 12:25
i.smali            2014/3/31 12:25
j.smali            2014/3/31 12:25
k.smali            2014/3/31 12:25
l.smali            2014/3/31 12:25
m.smali            2014/3/31 12:25
n.smali            2014/3/31 12:25
o.smali            2014/3/31 12:25
p.smali            2014/3/31 12:25
q.smali            2014/3/31 12:25
r.smali            2014/3/31 12:25
s.smali            2014/3/31 12:25
t.smali            2014/3/31 12:25
u.smali            2014/3/31 12:25
v.smali            2014/3/31 12:25
w.smali            2014/3/31 12:25
x.smali            2014/3/31 12:25
```

```
const-string v3, "interstitial_mb"
invoke-interface {v1, v2, v3}, Ljava/util/Map;->put(Ljava,
:goto_0
const-string v2, "slotname"
iget-object v3, p0, Lc;->f:Ld;
invoke-virtual {v3}, Ld;->h()Ljava/lang/String;
move-result-object v0
invoke-interface {v1, v2, v3}, Ljava/util/Map;->put(Ljava,
const-string v2, "js"
const-string v3, "afma-sdk-a-v4.1.0"
invoke-interface {v1, v2, v3}, Ljava/util/Map;->put(Ljava,
invoke-virtual {v0}, Landroid/content/Context;->getPackage
move-result-object v2
:try_start_0
invoke-virtual {v0}, Landroid/content/Context;->getPackage
move-result-object v3
const/4 v4, 0x0
invoke-virtual {v3, v2, v4}, Landroid/content/pm/PackageMa
:try_end_0
.catch Landroid/content/pm/PackageManager$NameNotFoundExce
move-result-object v2
```

图 4-3 Smali 代码根目录下混淆的第三方库示例

(2) 如何将第三方库完整地识别

第三方库一般是层级结构,包含一系列的代码包。如图 4-4 所示,第三方库"MobWin"在根目录下有 6 个代码包。代码包 com. tencent. exmobwin. core 包含第三方库的主要功能,其他的代码包提供辅助功能。之前的研究[7,16,21,22]提出一些方法来识别属于第三方库的代码或者构件,其研究目标是找到每个第三方库的根目录从而将第三方库完整地识别出,而不是识别出一些分散的代码,然而完整地识别出第三方库并不容易。需要注意的是,不同的第三方库可能使用相同的包名前缀,使得识别第三方库的根目录更加困难。如图 4-4 所示,com. tencent. weibo. sdk 和 com. tencent. mm. sdk 是两个提供社交服务的第三方库,而 com. tencent. map 是一个提供地图服务的第三方库,但是它们具有相同前缀 com. tencent。如果存在应用同时使用这些库,需在检测第三方库时不能直接将使用的第三方库检测为 com. tencent 库(事实上也不存在这个库)。

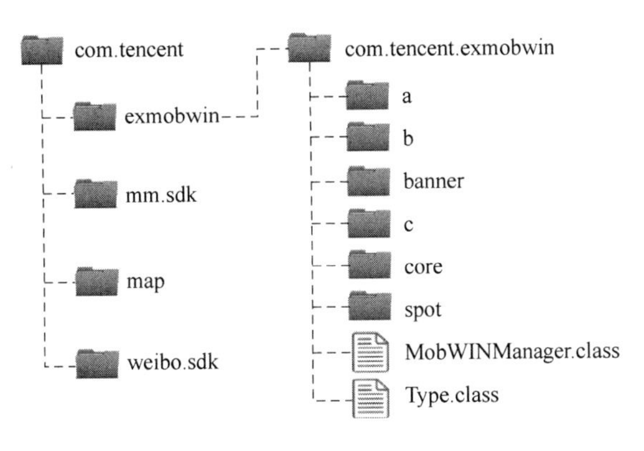

图 4-4 第三方库的目录结构示意图

LibRadar 和 LibScout 是第三方库检测的常用工具，接下来，作者对这两个工具的技术原理进行详细介绍。

4.2.2 基于聚类的第三方库检测方法 LibRadar

第三方库的使用通常有两个主要特征。第一个特征是开发者在使用第三方库时一般不会对其进行修改。开发者会直接将第三方库的 class 或 jar 文件直接导入应用项目中。因此，不同应用中使用相同的第三方库会包含完全相同的代码特征。第二个特征是第三方库会被很多应用使用。因此，可以在没有先验知识的情况下，通过聚类的方法来识别第三方库。由于第三方库被很多应用使用，属于第三方库的代码会被聚类到一个比较大的集合中。除此之外，可以通过库的代码层级结构来识别第三方库的根目录。

为了将第三方库完整地识别，LibRadar 引入基于多级聚类的方法。在反编译的 Smali 代码中，对每一个文件夹都提取特征，然后使用一种自底向上的方式对这些特征进行聚类。例如，如果 com. google. ads 和 com. google. ads. util 都被聚类成第三方库，那么将会识别 com. google. ads 为第三方库的根目录，而 com. google. ads. util 只是属于第三方库中的一个包。

如前所述，在第三方库检测中主要存在两个挑战：代码混淆和识别第三方库的根目录。为了处理代码混淆，在聚类时提取静态常量特征(包括受权限保护的敏感 API、Intent 和 Content Provider)，这些特征在对代码的命名混淆中一般保持不变。为了识别第三方库的根目录，LibRadar 使用一个多级聚类的方法，能够找到最大可能的第三方库。

1. 静态特征

为了进行快速准确地比较并且能够应对代码混淆，所选取的特征即使在代码混淆后仍然能够保持不变，被称之为静态语义特征。静态语义特征所使用的特征比较简单但是很有效，包括不同 Android API 的调用，受权限保护的 Intent 和 Content Provider Uri 的使用，同时考虑了这些特征的使用频率。这些特征与第三方库的行为相关，并且在代码命名混淆之后会保持不变。因此，基于这些静态特征进行聚类检测第三方库时比较准确。API 调用特征通过分析 Smali 代码得到。受权限保护的 Intent 和 Content Provider Uri 使用是基于 PScout[23] 中的权限映射得到。总共使用 97 个与权限相关的 Intent 和 78 个与权限相关的 Content Provider Uri。在反编译后的代码中寻找 Intent 字符串，如 android. provider. Telephony. SMS_RECEIVED 和 Content Provider URI 字符串，例如 content：// com. android. contacts，来计算特征。

2. 识别库的根目录

为了识别第三方库的根目录，LibRadar 使用多级层次聚类的技术。

首先，对应用进行多级特征提取，即为代码目录结构中的所有目录都计算特征。如图 4-5 所示，这个例子中有两个第三方库：mobwin 广告库和 tencent map 地图库。为了识别第三方库的根目录，对其中所有代码目录都计算特征，包括 com/tencent，com/tencent/exmobwin，com/tencent/map 和 com/tencent/exmobwin/core 等。使用自底向上的方式计算所有目录的特征。每个目录的特征是其下所有子目录和类文件特征的并集。例如，在图 4-5 中，com/tencent/exmobwin 的特征包含了所有子目录和类文件的特征。每个目录由一个特征向量表示。

然后，对各级目录按照特征向量进行聚类。假设第三方库在使用时开发者一般不会进行修改，因此不同应用中使用相同的第三方库会具有完全一致的特征。LibRadar 在聚类时严格比较,即只有两个目录的特征完全一致时才会被聚类在一起。在聚类时,先根据特征向量中的特征数目进行排序,对于特征数目一致的特征向量,再进行详细比较,当且仅当所有特征完全匹配时才将它们聚在一起。

假设应用的数据集足够大并且每个第三方库都被很多应用使用,那么属于第三方库的代码就会被聚到相对较大的集合中。但除第三方库以外,开发者自定义的代码也可能被聚在一起。例如,对于相同开发者开发的应用或者重打包应用,它们经常包含很多相同的代码。通过设定阈值,就能够将属于第三方库的代码包找出来。阈值的设定根据所分析的数据集来确定。由于要识别出第三方库的根目录,因此对于属于第三方库的代码包,LibRadar 会将其分类为第三方库(根目录)或者第三方库(子目录),如图 4-5 所示。

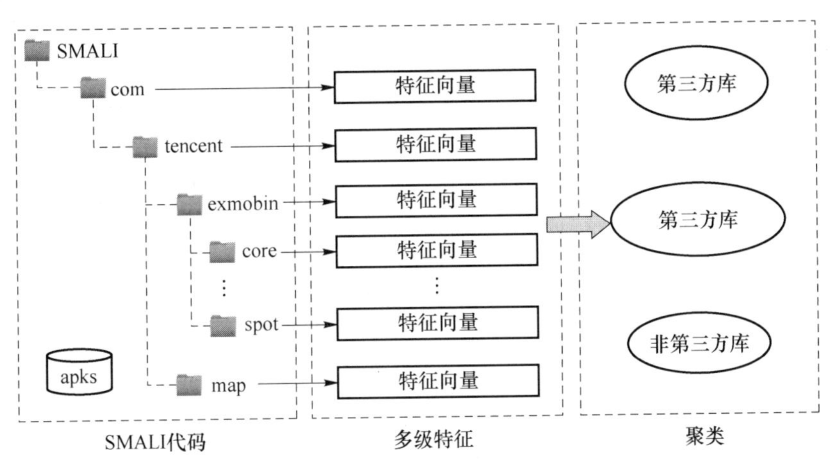

图 4-5　基于多级聚类的第三方库检测方法

聚类后的结果可以分为以下三类。

(1) 非第三方库:这个集合中的目录不属于任何第三方库,它们是应用开发者自定义的代码。

(2) 第三方库(根目录):这个集合中的目录属于第三方库,并且它们是第三方库的根目录。如 com. google. ads 是第三方库 Google ads 的根目录。

(3) 第三方库(子目录):这个集合中的目录属于第三方库,但它们是第三方库中的子目录。如 com. google. ads. util 属于 Google ads 广告库。

为区分第三方库(根目录)和第三方库(子目录),使用如下算法对聚类后属于第三方库的包进行遍历:

(1) 所有被选择的集合被标记为第三方库(根目录);

(2) 对于这个集合中的每个目录,如果它有一个父目录属于第三方库集合,那么这个类就会标记为第三方库(子目录),它不是库的根目录;

(3) 对于这个集合中的每个目录,如果它有一个子目录属于其他第三方库集合,那么所有的这些第三方库集合都会标记为第三方库(子目录)。

在遍历所有的包并且没有任何集合可以标记为第三方库(子目录)之后,检测过程结束。余下的第三方库(根目录)集合即为检测到的第三方库的根目录。

4.2.3　第三方库的即时检测

尽管基于聚类的方法可以准确地找到所研究的数据集中用到的第三方库,但是基于聚类的方法依赖于大量的应用。其假设之一就是需要研究的应用数量很大时，才能将第三方库通过聚类找出来。基于聚类的方法在某些研究场景下很适用，如在研究应用克隆问题时需要过滤第三方库。然而，很多研究只需要分析单个应用中使用的第三方库，这时候聚类算法就不适用。能否即时检测出应用中使用的第三方库信息？

为此，LibRadar 进一步提出了解决方案：如果对 Google Play 中所有的应用提取代码级别特征并使用基于聚类的方法进行分析，就能够找到一个完整的第三方库列表。然后，可以对每个第三方库建立指纹特征。当需要检测新应用中使用的第三方库时，只需要与第三方库的指纹特征进行比对，从而可以实现第三方库的即时检测。该方法可以分为两个部分：第一部分负责海量信息提取，另一个部分负责对给定应用的即时检测。

LibRadar 的整体架构如图 4-6 所示。按照如前所述方法，LibRadar 对 Google Play 应用市场中 1 027 584 个应用进行分析。首先，对这些应用反编译，然后在反编译的代码中提取静态特征（Android API，Intent，Content Provider），在代码包级别对特征向量进行聚类，得到超过 16 000 个不同版本的第三方库。为了加快检测速度，对每个第三方库的特征向量进行哈希，生成轻量级指纹特征。当需要检测新应用中第三方库的使用时，计算应用中每个代码包的特征，与第三方库的指纹特征进行比较，从而可以检测出应用中使用的第三方库。

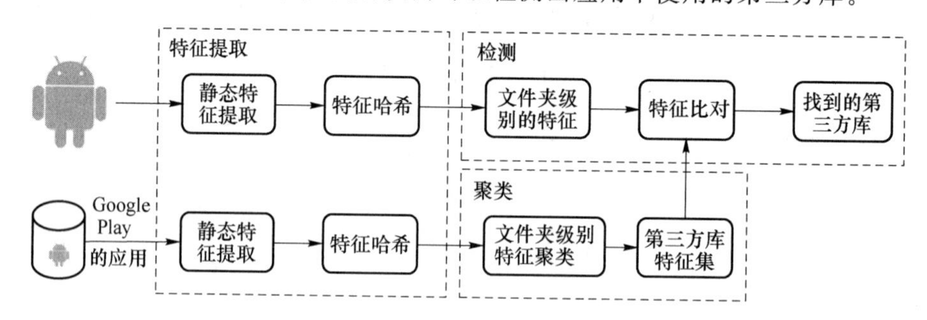

图 4-6 LibRadar 的整体架构

1. 第三方库集合

通过对超过 100 万个应用进行分析，总共检测到了 16 026 个可能的第三方库（包含不同版本），是目前较为完整的第三方库列表。超过 50%的应用使用了 Android support v4 库，超过 40%的应用使用了 Admob 广告库。一些第三方库有超过 100 多个不同的版本，如 Android support v4 有 174 个版本，以及 Google Ads 广告库有 108 个不同的版本。这个结果比较完善，检测到了更多的第三方库，也包含了更多的版本。

2. 第三方库的指纹特征

LibRadar 工具的目的是对于任意给定的 Android 应用都可以在很短的时间内获得它使用的第三方库，因而必须降低特征的复杂度，才能够降低比较时间，提高工具的实用性。

LibRadar 使用如下哈希函数，把复杂的特征向量转化为简单的哈希特征值。

$$\text{hash}_{\text{lib}_n} = \left(\sum_{i=1}^{n}(i * V_i)\right)\%\text{LARGEPRIME}$$

然而，不同的特征向量通过哈希函数，有可能得到同一个哈希值，造成重复。因此，LibRadar 在最终的特征指纹中，还加入了 API 调用的总数目和 API 调用的总种类数，如图 4-7 所示。有了这两个量的辅助，就可以消除哈希值重复所带来的困扰。通过比较这个简单的特征指纹，可以获得同样的效果，还能节约大量的时间开销。

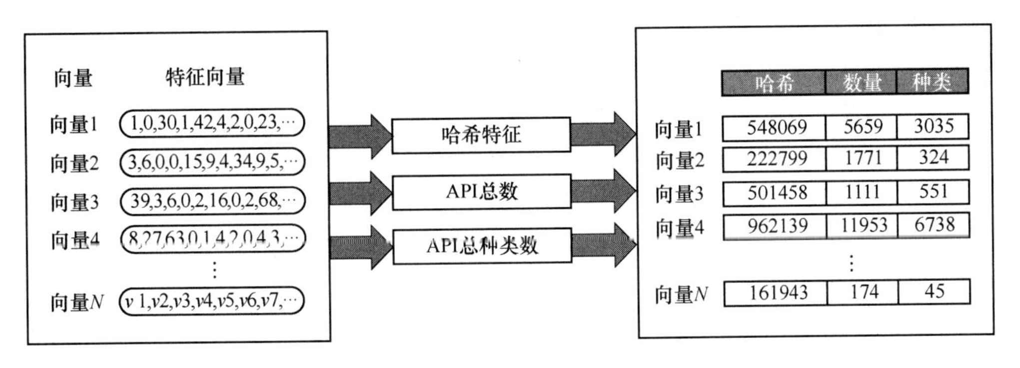

图 4-7　静态特征哈希过程

3. 第三方库检测示例

“365 日历”是一个具备日程管理、记事安排等功能的 Android 日历应用，可用它来展示和验证工具的效果。首先进入网页，选定“365 日历”的 APK 文件，单击上传，只需要稍做等待，就可以得到第三方库的检测结果，如图 4-8 所示。

radar.pkuos.org

LibRadar Result　Home　Features　Top Libs　Contact

APK

365日历.apk

Top Libraries

Library Name	Package Name	Description in Chinese	Library Type	Permissions
Tencent Login	com/tencent/connect	腾讯互联	Social Network	Details
Tencent Qzone	com/tencent/qzone	QQ空间	Social Network	None
Android Support v4	android/support/v4	Android支持库v4	Development Aid	Details
Tencent Login	com/tencent/record	腾讯互联	Social Network	None
Umeng Analytics	com/umeng/analytics	友盟分析	Mobile Analytics	Details
Tencent Login	com/tencent/open	腾讯互联	Social Network	Details
Nostra13 Image Loading	com/nostra13	Nostra13图像加载	Utility	Details
Sina SSO	com/sina/sso	新浪微博开放平台SSO授权	Social Network	None
Tencent Map	com/tencent/map	腾讯地图	Map	Details
Tencent WPA	com/tencent/wpa	腾讯WPA	Development Aid	None
Alibaba Amap	com/amap	高德地图	Map	Details
Tencent Login	com/tencent/t	腾讯互联	Social Network	None
Tencent Analysis	com/tencent/stat	腾讯云分析	Mobile Analytics	Details
Tencent Login	com/tencent/qqconnect	腾讯互联	Social Network	Details
Tencent Wechat	com/tencent/mm	微信	Social Network	None
Sina Weibo	com/sina/weibo	新浪微博	Social Network	Details
Tencent Login	com/tencent/tauth	腾讯互联	Social Network	Details
Umeng Update	com/umeng/update	友盟自动更新	Development Aid	Details
Nine Old Androids	com/nineoldandroids	开源Android动画库	Utility	None
Kxml2	org/kxml2	XML解析工具	Development Aid	None

Other codes that belong to third-party libraries

None.

Time Consuming

```
Target App Decoding     Consumed 11.5647 seconds.
Lib Data Loading        Consumed 0.77459 second.
Feature Extracting      Consumed 2.72288 seconds.
Library Searching       Consumed 0.02142 second.
```

Copyright © 2015 OS Lab, PKU, by @Howie, @Zach, Source @Github

图 4-8　第三方库检测示例

LibRadar工具非常高效,在本例中,Apktool的反编译阶段耗费了11秒,而剩下的包含加载数据、特征提取、特征比对在内的三个阶段一共仅耗费了3.5秒的时间。经过实验验证,绝大多数的应用都可以在10秒内得到结果,这满足了即时检测的需要。在本例中,LibRadar找到了20个第三方库。经过仔细的人工验证,发现这个结果是准确的。同时,LibRadar工具还提供了包名、描述、第三方库类型以及该库所使用到的Android权限信息,如图4-9所示。

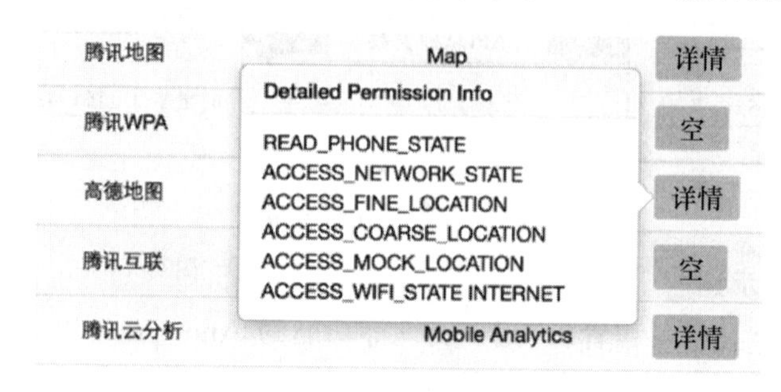

图4-9 第三方库权限示例

LibRadar工具有很强的反混淆能力。在本例检测到的第三方库中,有两个库是无法通过包名来进行匹配的。其中一个库的包名为"org/a/a",经过检验,它的实质是"Kxml2 - XML"解析库,它的混淆前的包名应该是"org/kxml2/io"。另外一个库的包名为"com/tencent/a/a/a",在检测中,它的特征和第三方库列表数据中的"com/tencent/map/lbsapi/api"包成功地匹配,我们据此得知这个应用也使用了腾讯地图的库。

在实际的分析中,使用类似于"org/a/a"这样混淆过的包名的应用非常普遍,通过这种包名完全无法确定包的具体内容。而利用LibRadar工具,这种混淆就无处遁藏,这种反混淆的检测能力,显然是白名单方法无法做到的。

4.3 第三方库的自动分类

对于检测到的第三方库,如何提取有用的特征对其进行分类?不同种类的第三方库会表现出相似的行为(如获取用户的位置信息然后与服务器通信),使用单一种类特征对库进行分类会比较困难。除此之外,需要保证使用的特征能够应对代码混淆,即使在第三方库混淆的情况下也能够正常检测。

以下介绍一种Wang等人[1]提出的基于有监督学习的第三方库功能分类方法。首先,使用静态分析来提取多种不同级别的特征,然后使用不同的机器学习方法训练分类器并进行比较。

4.3.1 特征提取

为了进行准确地分类,可以使用静态分析获取多种不同级别的特征来表示应用的行为,包括:构件级别特征、代码级别特征、权限级别特征和数据级别特征。这些特征的描述以及表示方法如表4-3所示。

表 4-3　第三方库功能分类所使用的特征

类别	特征	特征描述	特征计算	方法
构件级别特征	Activity	第三方库是否使用了Activity构件	布尔特征	静态分析
	Service	第三方库是否使用了Service构件	布尔特征	
	Broadcast	第三方库是否使用了Broadcast构件	布尔特征	
	Content Provider	受权限保护的Content Provider Uri的调用次数	一个78维的特征向量，其中每个值表示对应Content Provider的使用次数	使用PScout提供的受权限保护的Content Provider Uri[24]
代码级别特征	Android API	每种受权限保护API的调用次数	一个680维的特征向量，其中每个值代表对应API调用次数	使用PScout提供的受权限保护的Android API[25]
	Intent	每种受权限保护Intent的调用次数	一个97维的特征向量，其中每个值代表对应Intent的调用次数	使用PScout提供的受权限保护的Intent[26]
	Java反射	第三方库是否使用了Java反射	布尔特征	静态分析
	动态加载	第三方库是否使用了DexClassLoader	布尔特征	
权限级别特征	使用的权限	第三方库中使用的权限列表	一个71维的特征向量，其中每个值代表对应权限是否使用	使用PScout提供的权限映射[23]
	动态权限检查	第三方库是否在运行时检查应用的权限	布尔特征	静态分析
数据级别特征	数据源	第三方库中使用的不同种类的数据源	一个12维的特征向量，其中每个值代表对应数据源是否被使用	使用Susi提供的API与数据源映射关系[27]
	数据泄露点	第三方库中使用的不同种类的数据泄露点	一个15维的特征向量，其中每个值代表对应数据泄露点是否被使用	使用Susi提供的API与数据泄露点映射关系[27]

1. 构件级别特征

这类特征与Android构件使用相关，包括：Activity，Service，ContentProvider和Broadcast。这些特征与Android应用和第三方库的行为很相关，如广告库经常使用Activity来显示广告。本书使用二元特征来表示Activity，Service和Broadcast的使用，即第三方库中是否使用对应构件。对于Content Provider的特征，使用一个特征向量来表示。从字节码中提取Content Provider URI的使用，然后使用一个包含78种受权限保护的Content Provider Uri集合[24]。每个第三方库的Content Provider特征对应一个78维的向量，向量中每个元素代表着对应的 Content Provider Uri 使用的频率。

2. 代码级别特征

共有四种代码级别的特征：API 调用特征、Intent 特征、Java 反射和动态加载特征，如表 4-3 所示。

应用使用 Android API 来访问系统资源(如 GPS 和 WiFi 等)。由于 Android 系统中 API 数量巨大，无法将全部的 API 作为特征。Wang 等人选取受权限保护的 API 作为特征，即使用这些 API 需申请权限。他们共使用 680 个有文档说明的敏感 API，一共与 51 个权限相关。通过在代码中搜索 API 字符串，如"requestLocationUpdates"来获得 API 的使用频率。每个实例被表示为一个 680 维的特征向量，其中向量中的每一位表示对应 API 的使用频率。同样，还使用受权限保护的 Intent 作为特征。应用可以使用 Intent 机制启动 Activity，与后台服务进行通信，还可以发起一个广播，或者与手机硬件进行交互等。他们共使用 97 个 Intent 作为特征，每个实例分别被表示为一个 97 维的 Intent 特征向量，向量中的每一位表示对应 Intent 的使用频率。

使用布尔特征分别来表示第三方库是否使用 Java 反射和第三方库是否使用动态加载，这些特征与代码的行为十分相关。Java 语言的反射机制是一种动态获取信息以及动态调用对象方法的功能。Android 应用可以使用动态加载来加载 jar 包或者 APK 文件。为了获取 Java 反射的特征，可在反编译后的代码中搜索 java. lang. reflect. Method. invoke()及 java. lang. reflect. Constructor. newInstance()方法。同样，通过在反编译的代码中搜索 DexClassLoader 来分析应用是否使用动态加载特征。

3. 权限级别特征

对于不同种类的第三方库，权限使用也会有差别。例如，位置权限经常被用在地图和位置服务类别的第三方库中，而大部分开发工具类型第三方库不会使用。广告库和第三方库分析库经常使用 INTERNET 权限，但是大部分的游戏引擎和开发工具类型的第三方库不会使用这个权限。Wang 等人使用 PScout 来计算每个第三方库中使用的权限。PScout 列出了 71 个重要的权限，以及这些权限保护的 API，Intent 和 Content Provider。因此，每个应用被表示成一个 71 维的向量，向量中每个值代表是否用到对应的权限。除此之外，之前的研究工作[28]表明，一些第三方库中存在越权行为。第三方库通常会在文档中说明必需的权限以及可选权限，但是一些第三方库会在运行时检查应用是否申请了其他敏感权限。分析发现，动态权限检查经常会出现在广告库中，但在其他类型的第三方库如开发工具库中很少见到。因此，使用一个二元特征来表示第三方库是否使用动态权限检查。通过分析移动应用是否使用特定的权限检查 API 可以得到这个特征。

4. 数据级别特征

数据级别的特征包括不同种类的数据源和数据泄露点，这种类型的特征是通过工具 Susi 来得到的。Susi[27]使用了机器学习的方法来对 Android 中的数据源和数据泄露点进行分类，他将 Android API 调用划分为 12 种数据源和 15 种数据泄露点。因此，使用一个 12 维的二进制向量表示所用数据源的类型，以及一个 15 维的二进制向量表示用到的数据泄露点类型。

4.3.2 分类模型

对于不同种类的特征，它们的数值范围差别比较大。因此，对于提取的特征，首先将它们归一化到[0,1]，然后使用机器学习技术来训练分类器。本书共使用三种不同的机器学习算法来进行有监督学习分类，包括：朴素贝叶斯[29]、最大熵[30]和C4.5决策树算法[31]。

Wang等人的实验结果表明，按照这种方法来做，第三方库自动化分类的准确率能够达到80%左右。

4.4 工具使用

由于很多移动应用分析相关研究都会用到第三方库检测技术，因此，下面介绍两款学术界应用比较广泛的第三方库检测工具的使用。读者可以在后续的学习和研究过程中将这些工具集成使用。

4.4.1 LibRadar工具

如前所述，LibRadar是一款能够快速并准确检测Android应用中第三方库的工具。LibRadar基于聚类的方式，生成第三方库的特征。在LibRadar的使用中，不需要重新进行聚类，而只需要利用LibRadar生成的特征进行检测即可。LibRadar的安装有多种方式，详细的安装方式见网址：https://github.com/pkumza/LibRadar/blob/master/docs/QuickStart.md。

LibRadar工具的使用非常简便，在命令行中运行“python libradar.py someapp.apk”，LibRadar就会输出应用所使用的全部第三方库，其输出格式如图4-10所示。

```
{
    "Library": "Facebook",
    "Match Ratio": "3758/3758",
    "Package": "Lcom/facebook",
    "Permission": [
        "android.permission.DUMP",
        "android.permission.INTERACT_ACROSS_USERS",
        "android.permission.INTERACT_ACROSS_USERS_FULL",
        "android.permission.INTERNET"
    ],
    "Popularity": 54,
    "Standard Package": "Lcom/facebook",
    "Type": "Social Network",
    "Website": "https://developers.facebook.com"
},
{
    "Library": "Google Play",
    "Match Ratio": "119/119",
    "Package": "Lcom/android/vending",
    "Permission": [
        "android.permission.DUMP"
    ],
    "Popularity": 44625,
    "Standard Package": "Lcom/android/vending",
    "Type": "App Market",
    "Website": "https://play.google.com"
},
```

图4-10 LibRadar的检测结果示例

如图4-10所示，LibRadar可以输出第三方库的名称、类别、匹配程度、包名、所需权限等信息。

4.4.2 LibScout 工具

LibScout 是一款轻量级 Android 第三方库检测工具。基于所收集的第三方库的 SDK 文件，LibScout 可以生成该第三方库的特征，并可以利用该特征文件检测其他应用中是否含有该第三方库。LibScout 的一个特点是，它可以精确检测应用中第三方库的版本号(如果该版本的 SDK 文件收集到并且生成特征)，并能够对其中是否含有安全问题进行检测。

LibScout 的安装详见网址 https://github.com/reddr/LibScout。

LibScout 工具的使用通常分为两个部分：特征提取部分，第三方库检测部分。

特征提取部分中，首先要准备好第三方库的原始 SDK 文件。这部分文件通常可以在第三方库的官方网站上搜集到。我们通过以下命令执行特征提取：

java -jar LibScout.jar -o profile -a android_sdk_jar -x path_to_library_xml path_to_library_file

其中，android_sdk_jar 为 Android sdk 文件，LibScout 需要该文件来过滤掉安卓框架的代码以获得应用代码。path_to_library_xml 为第三方库的信息文件，其中包含了第三方库的名称、版本号、分类等信息，在特征提取部分需要我们手动填写该文件。path_to_library_file 为第三方库的原始文件。

完成特征提取部分后，会生成相应的 profile 文件，格式为.lib[①]，如图 4-11 所示。

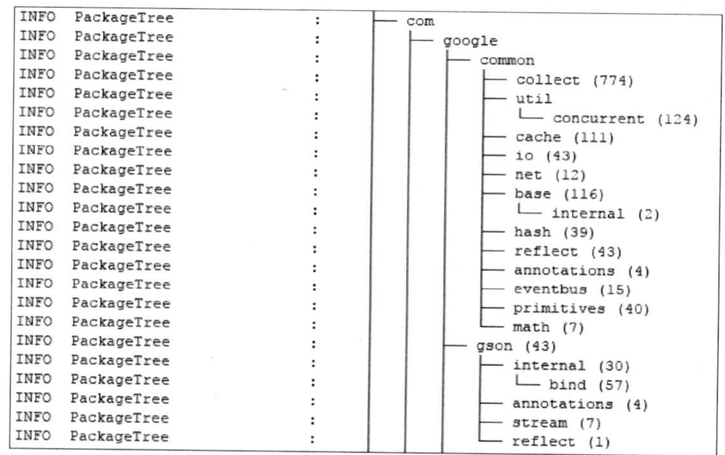
```
INFO  PackageTree   :   ─ com
INFO  PackageTree   :      ├─ google
INFO  PackageTree   :      │   ├─ common
INFO  PackageTree   :      │   │   ├─ collect (774)
INFO  PackageTree   :      │   │   ├─ util
INFO  PackageTree   :      │   │   │   └─ concurrent (124)
INFO  PackageTree   :      │   │   ├─ cache (111)
INFO  PackageTree   :      │   │   ├─ io (43)
INFO  PackageTree   :      │   │   ├─ net (12)
INFO  PackageTree   :      │   │   ├─ base (116)
INFO  PackageTree   :      │   │   │   └─ internal (2)
INFO  PackageTree   :      │   │   ├─ hash (39)
INFO  PackageTree   :      │   │   ├─ reflect (43)
INFO  PackageTree   :      │   │   ├─ annotations (4)
INFO  PackageTree   :      │   │   ├─ eventbus (15)
INFO  PackageTree   :      │   │   ├─ primitives (40)
INFO  PackageTree   :      │   │   └─ math (7)
INFO  PackageTree   :      │   ─ gson (43)
INFO  PackageTree   :      │       ├─ internal (30)
INFO  PackageTree   :      │       │   └─ bind (57)
INFO  PackageTree   :      │       ├─ annotations (4)
INFO  PackageTree   :      │       ├─ stream (7)
INFO  PackageTree   :      │       └─ reflect (1)
```

(a) LibScout检测结果——应用的文件结构信息

```
INFO  ProfileMatch  :              name: Google Admob
INFO  ProfileMatch  :          category: Advertising
INFO  ProfileMatch  :           version: 4.3.1  [OLD VERSION]
INFO  ProfileMatch  :      release-date: --
INFO  ProfileMatch  : lib root package: "com.google.ads"
INFO  ProfileMatch  :
```

(b) LibScout检测结果——第三方库信息

图 4-11 profile 文件

第三方库检测部分需要用到特征提取部分生成的 profile 文件。命令如下：

java -jar LibScout.jar -o match -p path_to_profiles -a android_sdk_jar -d log_dir

① 注：LibScout 提供了大量可以直接使用的 profile 文件(https://github.com/reddr/LibScout-Profiles)，但这些文件只能在 LibScout 的 2.2.0 版本以前使用。

path_to_app(s)

其中,path_to_profiles 为 profile 文件路径,log_dir 为结果输出目录,path_to_app(s)为应用路径或应用目录路径。

在结果输出目录中将获得 LibScout 的检测结果,保存在 log 文件中,其中包含了应用的文件结构信息和第三方库信息。

如图 4-12 所示,LibScout 还收集和维护了含有安全漏洞的第三方库及其版本的列表。结合 LibScout 的检测结果和该列表,我们可以检测到应用中可能存在的安全隐患。

Library	Version(s)	Fix Version	Vulnerability	Link
Airpush	< 8.1	> 8.1	Unsanitized default WebView settings	Link
Apache CC	3.2.1 / 4.0	3.2.2 / 4.1	Deserialization vulnerability	Link
Dropbox	1.5.4 - 1.6.1	1.6.2	DroppedIn vulnerability	Link
Facebook	3.15	3.16	Account hijacking vulnerability	Link
MoPub	< 4.4.0	4.4.0	Unsanitized default WebView settings	Link
OkHttp	2.1 - 2.7.4 3.0.0- 3.1.2	2.7.5 3.2.0	Certificate pinning bypass	Link
Plexus Archiver	< 3.6.0	3.6.0	Zip Slip vulnerability	Link
SuperSonic	< 6.3.5	6.3.5	Unsafe functionality exposure via JS	Link
Vungle	< 3.3.0	3.3.0	MitM attack vulnerability	Link
ZeroTurnaround	< 1.13	1.13	Zip Slip vulnerability	Link

图 4-12　含有安全漏洞的第三方库及其版本

4.5　本章小结

本章着重介绍了移动应用中第三方库的检测方法。第三方库一方面在应用中广泛使用,并且占据了相当大的代码比重,因此很多移动应用分析研究都需要首先检测第三方库或者去除第三方库的干扰。另一方面,第三方库本身也有很多安全和隐私问题,需要进行深入分析。在学习完本章内容之后,读者应能够熟练使用第三方库检测工具并将其应用到移动应用分析中。

本章参考文献

[1]　王浩宇,郭耀,马子昂,等. 大规模移动应用第三方库自动检测和分类方法[J]. 软件学报,2017,28(6):1373-1388.

[2]　CAppbrain. Android Ad networks[EB/OL]. (2019-02-21)[2019-02-22]. www.appbrain.com/stats/libraries/ad.

[3]　Lin J, Amini S, Hong J I, et al. Expectation and purpose: understanding users' mental models of mobile app privacy through crowdsourcing[C]// Proceedings of the

2012 ACM conference on ubiquitous computing. Pittsburgh:ACM, 2012: 501-510.

[4] Lin J, Liu B, Sadeh N, et al. Modeling users' mobile app privacy preferences: Restoring usability in a sea of permission settings[C]//10th Symposium On Usable Privacy and Security ({SOUPS} 2014). Menlo Park, CA: USENIX, 2014: 199-212.

[5] Pearce P, Felt A P, Nunez G, et al. AdDroid: Privilege separation for applications and advertisers in android[C]//Proceedings of the 7th ACM Symposium on Information, Computer and Communications Security. Seoul: ACM, 2012: 71-72.

[6] Shekhar S, Dietz M, Wallach D S. AdSplit: Separating Smartphone Advertising from Applications[C]//Security'12 Proceedings of the 21st USENIX conference on Security symposium. Bellevue, WA: USENIX Association, 2012: 28.

[7] Liu B, Liu B, Jin H, et al. Efficient Privilege De-Escalation for Ad Libraries in Mobile Apps[C] //MobiSys '15 Proceedings of the 13th Annual International Conference on Mobile Systems, Applications, and Services. Florence: ACM, 2015: 89-103.

[8] Crussell J, Gibler C, Chen H. Attack of the clones: Detecting cloned applications on android markets[C]//European Symposium on Research in Computer Security. Berlin, Heidelberg: Springer-Verlag, 2012: 37-54.

[9] Zhou W, Zhou Y, Jiang X, et al. Detecting repackaged smartphone applications in third-party android marketplaces[C]//Proceedings of the second ACM conference on Data and Application Security and Privacy. San Antonio, Texas: ACM, 2012: 317-326.

[10] Hanna S, Huang L, Wu E, et al. Juxtapp: A scalable system for detecting code reuse among android applications[C]//International Conference on Detection of Intrusions and Malware, and Vulnerability Assessment. Berlin, Heidelberg: Springer-Verlag, 2012: 62-81.

[11] Wang H Y, Wang Z Y, Guo Y, et al. Detecting repackaged Android applications based on code clone detection technique[J]. SCIENTIA SINICA Informationis, 2014, 44(1): 142-157.

[12] Gibler C, Stevens R, Crussell J, et al. Adrob: Examining the landscape and impact of android application plagiarism[C]//Proceeding of the 11th annual international conference on Mobile systems, applications, and services. Taipei: ACM Press, 2013: 431-444.

[13] Chen K, Liu P, Zhang Y. Achieving accuracy and scalability simultaneously in detecting application clones on android markets[C]//Proceedings of the 36th International Conference on Software Engineering. Hyderabad, India: ACM Press, 2014: 175-186.

[14] Wang H, Hong J, Guo Y. Using text mining to infer the purpose of permission use in mobile apps[C]//Proceedings of the 2015 ACM International Joint Conference on Pervasive and Ubiquitous Computing. Osaka, Japan: ACM Press, 2015: 1107-1118.

[15] Narayanan A, Chen L, Chan C K. AdDetect: Automated detection of android ad libraries using semantic analysis[C]//2014 IEEE Ninth International Conference on Intelligent Sensors, Sensor Networks and Information Processing (ISSNIP). Singapore: IEEE Computer Society, 2014: 1-6.

[16] Crussell J, Gibler C, Chen H. Andarwin: Scalable detection of android application clones based on semantics[J]. IEEE Transactions on Mobile Computing, 2015, 14(10): 2007-2019.

[17] Backes M, Bugiel S, Derr E. Reliable Third-Party Library Detection in Android and its Security Applications[C]//CCS '16 Proceedings of the 2016 ACM SIGSAC Conference on Computer and Communications Security. Vienna, Austria: ACM, 2016: 356-367.

[18] Hu W, Octeau D, McDaniel P D, et al. Duet: library integrity verification for android applications[C]//Proceedings of the 2014 ACM conference on Security and privacy in wireless & mobile networks. Oxford: ACM Press, 2014: 141-152.

[19] Ruiz I J M, Nagappan M, Adams B, et al. Impact of ad libraries on ratings of android mobile apps[J]. IEEE Software, 2014, 31(6): 86-92.

[20] Ruiz I J M, Nagappan M, Adams B, et al. Analyzing ad library updates in android apps[J]. IEEE Software, 2016, 33(2): 74-80.

[21] Ma Z, Wang H, Guo Y, et al. LibRadar: fast and accurate detection of third-party libraries in Android apps[C]//Proceedings of the 38th international conference on software engineering companion. Austin, Texas: ACM, 2016: 653-656.

[22] Wang H, Guo Y, Ma Z, et al. Wukong: A scalable and accurate two-phase approach to android app clone detection[C]//Proceedings of the 2015 International Symposium on Software Testing and Analysis. Baltimore, MD: ACM Press, 2015: 71-82.

[23] Au K W Y, Zhou Y F, Huang Z, et al. Pscout: analyzing the android permission specification[C]//Proceedings of the 2012 ACM conference on Computer and communications security. Raleigh, North Carolina: ACM Press, 2012: 217-228.

[24] PScout. Content provider (URI strings) with permissions[EB/OL]. (2012-11-06)[2019-02-23]. github. com/dweinstein/pscout/blob/master/results/jellybean_contentproviderpermission.

[25] PScout. Documented API calls mappings[EB/OL]. (2012-11-06)[2019-02-23]. github. com/dweinstein/pscout/blob/master/results/jellybean_publishedapimapping.

[26] PScout. Intents with permissions[EB/OL]. (2012-11-06)[2019-02-23]. github. com/dweinstein/pscout/blob/master/results/jellybean_intentpermissions.

[27] Rasthofer S, Arzt S, Bodden E. A Machine-learning Approach for Classifying and Categorizing Android Sources and Sinks[C]//the 2014 Network and Distributed System Security Symp. San Diego, California: Internet Society, 2014.

[28] Stevens R, Gibler C, Crussell J, et al. Investigating user privacy in android ad

libraries[C] // Workshop on Mobile Security Technologies (MoST). San Franci: IEEE Computer Society, 2012: 10.

[29] Wikipedia. Naive Bayes classifier[EB/OL]. (2019-02-28)[2019-03-02]. en. wikipedia. org/wiki/Naive_Bayes_classifier.

[30] Wikipedia. Maximum entropy classifier[EB/OL]. (2012-11-09)[2019-03-02]. en. wikipedia. org/w/index. php? title=Maximum_entropy_classifier&redirect=no.

[31] Wikipedia. C4. 5 algorithm[EB/OL]. (2019-02-16)[2019-03-02]. en. wikipedia. org/wiki/C4. 5_algorithm.

第 5 章 移动应用重打包检测

由于 Android 系统的开放性，用户不仅能够从 Google Play 官方市场下载和安装应用，也可以从任意的第三方应用市场，甚至网站、论坛下载和安装应用。同时，应用的开发者可以将应用提交至任意的第三方市场来供用户下载。因此，对于应用市场的管理者来说，只有管理好市场中应用的质量，提供一个良好的市场环境，才能吸引更多的用户和开发者。

然而，Android 应用很容易被破解，目前有很多的反编译工具可以使用。且由于 Android 应用系统的开源特性，Android 应用被破解所造成的安全隐患也更大。恶意的开发者可以很容易地破解应用市场中的合法应用，修改代码后重新打包并在市场中发布。一方面，付费应用可以被破解，然后免费发布出去。另一方面，恶意开发者也可以将原应用中的广告库替换掉以谋取利益。研究表明[1]，重打包应用会使开发者减少平均 14% 的广告收入。更为严重的是，恶意开发者可以将恶意代码植入到合法应用中然后发布出去，以此感染更多用户。应用重打包的行为不仅侵犯了开发者的利益，也严重威胁到了移动平台的安全和隐私。应用克隆（重打包）已经成为移动平台上恶意软件传播的主要方式，移动平台中有超过 80% 的恶意应用通过重打包方式传播[2]。

应用市场的管理者需要控制市场中应用的质量，检测和移除这些潜在威胁。然而，在应用市场中检测重打包应用是很困难的。一方面，管理者大多数时候只能通过手动比较来判断应用是否是重打包应用，并且很多时候手动比较也很难得到正确的结果。例如，重打包应用可能在功能上包含了几个不同的应用，或者重打包应用包含了恶意软件。另一方面，考虑到应用市场中海量的应用，手动进行重打包检测是不可靠且没有可扩展性的。因此，在应用市场级别的应用重打包检测需要一个自动化的系统来完成。

但实现这样的自动化系统存在着很多困难和挑战，尤其是考虑到 Android 市场的开放性和复杂性。

首先，系统必须要保证正确性，这就需要提出的检测方法有低误报率和高查全率，应该考虑到不同层面的代码更改、添加和删除。因为重打包应用的修改可以在 Dalvik 字节码上面进行，也可以在 Smali 代码上修改，能够获取源代码的话还可以在 Java 代码上修改，甚至在原生代码级别修改。

其次，系统必须要有可扩展性，能够快速地在海量应用中检测到重打包应用。现在的应用市场都有百万级别的移动应用，系统需要保证在有新应用上传时能够增量式地快速检测新应用是否为重打包应用。

再次，Android 应用的一些特性也给重打包检测增大了难度，例如重打包应用也可以存在不同层次的混淆和代码隐藏行为，以及应用中大量使用第三方库，都会对检测的准确性造成极大影响。

本章介绍 Android 应用重打包检测的方法和基本工具使用。首先介绍应用重打包的概念、动机和实现自动化检测系统的挑战，然后对通用的应用重打包检测过程进行介绍。之后，向读者详细介绍一种基于代码克隆检测技术的两阶段应用重打包检测方法。最后，向读者介绍两款开源的重打包检测工具的使用。

5.1 背景知识

5.1.1 应用克隆/重打包

应用克隆(app clone)，又称为应用重打包(app repackaging)，用来指两个应用核心代码相似，但是属于不同应用开发者。核心代码指的是开发者自定义的功能性代码，不包括第三方库以及一些公共的框架。应用的所属权是由应用的签名决定的，即开发者的身份标识。破解一个应用之后，必然要对应用重新签名，而这个签名一般无法与原签名保持一致。假设开发者的身份标识不会泄露，因此克隆应用的签名就会不同。所以，由相同开发者开发的应用(如不同版本的应用)不属于克隆应用。

5.1.2 重打包动机

开发者进行应用重打包的动机主要分为以下几种。

1. 非授权代码复用

对于 Android 应用开发者来说，互联网上开放的源代码资源无处不在，而对于部分开发者来说，随手复制这些易于获取的代码资源在一定程度上培养了他们不好的习惯，使得有的开发者铤而走险，选取一些著名的应用进行反编译，得到源码之后进行修改或者代码复用，用于自己的应用中。

2. 广告库替换

Android 应用市场由于其用户的支付惯性及强制性不如其他平台，所以很大一部分 Android 应用的盈利模式主要采取应用内投放广告的方式进行，而广告的投放收益多少及去处，主要取决于投放广告的厂商和投放广告的开发者。故对于第三方应用市场的开发者来说，将目前的热门应用拆解之后，替换其中的广告或者广告 ID，可以将盈利最大化，并且将该应用的广告收入私吞进自己的钱包中。

3. 恶意代码植入

将 Android 应用拆解之后植入自己的恶意代码，也是一种常见的应用重打包的目的。这些恶意代码有的会在后台自动给盈利平台发送短信，有的会泄露用户隐私，总之恶意代码的植入造成用户的损失是不可估量的。所以我们可以看到应用重打包不论对于原应用作者还是用户来说，都是一个不道德、不合法的行为，它严重危害了原应用作者和用户们的利益。

5.1.3 应用克隆检测的挑战

基于 Android 应用的特点以及应用克隆的定义，检测应用克隆面临如下挑战。

1. 如何识别应用的核心代码

只有当两个应用核心代码相似，才能认为它们是克隆应用对。大部分 Android 应用都使用第三方库,会严重影响检测的准确性。准确识别和过滤第三方库和公用代码对于应用克隆检测至关重要。

2. 如何有效地进行应用相似度比较

应用克隆可能出现在同一个应用市场或者不同的应用市场。考虑到应用来自不同的应用市场,需要将应用进行两两比较来识别出所有的克隆应用。应用间比较的次数随着应用数量的增加呈爆炸性增长。例如,检测十万个应用中的克隆应用,需要 50 亿次两两比较。如何对应用比较进行优化是需要研究的关键问题。

3. 如何对应用提取有效的特征

移动应用一般包含成千上万行的代码,研究表明每个应用平均包含约 50 000 个操作码(opcode)。提取准确的特征来表示应用很重要,但是又比较困难。简单的特征一般不能详尽地描绘应用的行为从而不能保证检测的准确率,而复杂的特征又会增加比较的复杂度,不利于可扩展性。

5.2 应用重打包检测

5.2.1 应用重打包检测的主要方法

目前关于 Android 应用克隆检测有很多相关技术,可以分为如下几类。

1. 基于哈希的检测技术

DroidMOSS[3] 使用模糊哈希技术(fuzzy hashing)来对应用中指令序列生成特征指纹来检测重打包应用。类似的,Juxtapp[4] 使用特征哈希(feature hashing)来对应用产生特征指纹。

2. 基于应用静态特征的技术

FSquaDRA[5] 和 PlayDrone[6] 使用应用中的资源文件作为特征来进行重打包检测。PiggyDroid[7] 使用 API 调用等静态特征来做检测。ViewDroid[8] 使用用户界面的视图作为特征。

3. 基于代码克隆检测的技术

DNADroid[9] 使用了程序依赖图(PDG)作为特征来进行检测。Centroid[10] 通过找到程序依赖图的集合中心来进行比较。WuKong[11] 使用基于计数的代码块级别的克隆检测技术来检测重打包应用。

5.2.2 应用重打包检测流程

应用重打包的检测过程一般包括应用的预处理阶段、提取特征阶段和相似度分析阶段。预处理阶段一般需要对应用程序进行反编译和过滤,得到应用程序的核心代码。在特征提取阶段,根据不同的技术对应用程序提取特征,这些特征可以是经过特征散列方法得到的指纹签名、应用程序的程序依赖图,或者是特征矩阵等。在相似度分析阶段,通过比较应用程序特征之间的相似度来判断它们是否为重打包关系。移动应用重打包检测流程如图 5-1 所示。

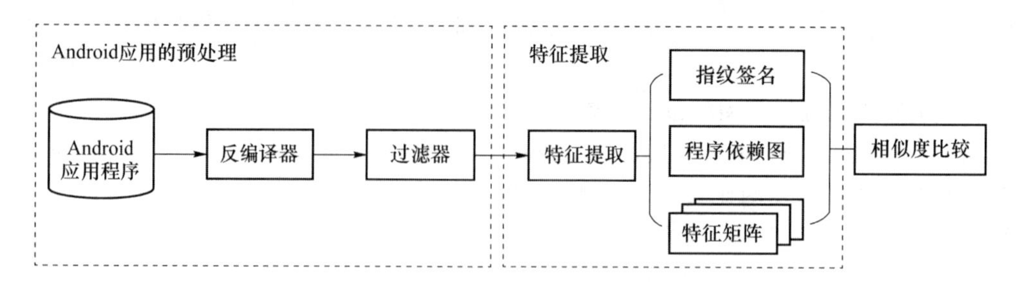

图 5-1 移动应用重打包检测流程

5.2.3 应用的预处理

1. 应用程序的反编译

目前检测移动应用重打包的研究工作可以在 Dalvik 字节码层面或者 Java 代码层面进行。因此应用预处理一般是先通过反编译器得到所需要的代码。应用程序的 DEX 代码是可以解压得到的,Java 代码需要从 DEX 格式转为 JAR 包,然后使用 Java 反编译工具来得到 Java 代码。尽管从 DEX 到 Java 的转换过程不是可逆的,但是研究表明[12],从 DEX 转换到 Java 代码可以达到 95%的成功转换率,足够用来做应用重打包检测。

2. 提取签名

由于重打包应用的一个重要特征是作者信息不同,因此在对应用进行预处理的时候需要提取应用签名。提取签名有很多方法可以使用,可以直接用 keytool 来对 APK 包提取签名。

3. 过滤得到应用的核心代码

如前所述,Android 应用中使用了很多第三方库,包括广告库、社交网络库和开发库等。这些外部的库不仅会影响重打包检测的速度,同时也会影响检测的准确度。为了得到应用的核心代码,必须要过滤掉这些第三方库。这些外部的库影响检测的准确度主要体现在两个方面。

(1) 两个应用不是重打包关系,却由于使用了同样的 Android 第三方库,而被误判成重打包关系。这种情况是由于非重打包应用可能使用了相同的第三方库,导致代码相似比例过大。例如,应用 A 和应用 B 是完全不同的应用,但是由于应用 A 和应用 B 都使用了共同的广告库 L1,而 L1 的代码数量很大,甚至远超应用 A 和应用 B 本身核心代码的大小。这就导致对应用 A 和应用 B 检测出有比例很大的相似代码,它们就会被误判为是重打包关系。

(2) 两个应用是重打包关系,却因为使用了不同的 Android 第三方库,而被漏判。这种情况是由于重打包应用使用了不同的第三方库,导致代码相似比例过小。例如,应用 B 是应用 A 的重打包应用,但是由于应用 B 去掉了应用 A 原本使用的广告库,并且添加了大量其他的广告库,这样就会导致应用 B 和应用 A 之间代码相似的比例过小,可能会在重打包检测中被漏判。

DroidMOSS[3],DNADroid[9] 和 JuxtApp[4] 都是采用建立第三方库白名单的方法,根据第三方库的包名来过滤得到应用程序的核心代码。这种方法是简单方便,但是存在一些缺点。首先,很难建立一个完整的第三方库白名单,因此对于后续检测的准确性会有一定的影响。其次,很多应用程序经过了代码混淆,混淆之后的第三方库的包名也许会发生变化,这样这些第三方库可能不会被过滤,从而也会影响检测的准确性。

PiggyDroid[7] 提出了基于程序依赖图的模块解耦技术的方法来把应用程序的代码划分为

核心模块和次要模块。作者首先根据 Dalvik 字节码建立程序依赖图，使用聚类算法来将程序依赖图中的包聚类，然后根据应用程序配置文件的一些基本信息（活动、服务、内容提供者、接收者等）来确定主要模块和次要模块。其中，主要模块就是在重打包检测中用到的核心代码。

5.2.4 特征提取

散列技术（hashing）是最常用的提取特征的方法。尽管对整个应用程序的核心代码计算散列值可以比较是否相同，但是不能比较它们之间的相似程度。对代码的细微更改就可能导致计算出的散列值差别巨大。另外，计算编辑距离（edit distance）也是计算两段代码相似度的常用方法。但是这种方法也不能直接用于移动应用的重打包检测，因为移动应用包含成千上万行的代码，通过计算这些代码的编辑距离实在是开销巨大，更不用说用于应用市场中上百万应用之间的相互比较。

1. 基于散列技术的指纹特征

DroidMOSS[3] 提取 Dalvik 字节码中的操作码序列，使用模糊散列（fuzzy hashing）技术对应用程序产生指纹并作为应用程序的特征，如图 5-2 所示。DroidMOSS 首先将操作码序列分割成很多片段，然后对每个片段计算它们的散列值。对比两个应用之间的相似度就是比较它们的片段的散列值，而不是整个代码序列的散列值。片段分割的方法是根据一个滑动窗口，滑动窗口在滑动的过程中会使用一个弱散列算法来计算窗口中操作码片段的散列值。当这个值与预先设定的值相等时就找到了分片点。分片之后，DroidMOSS 会给每个片段重新计算散列值。这些片段的散列值就作为应用的特征指纹。

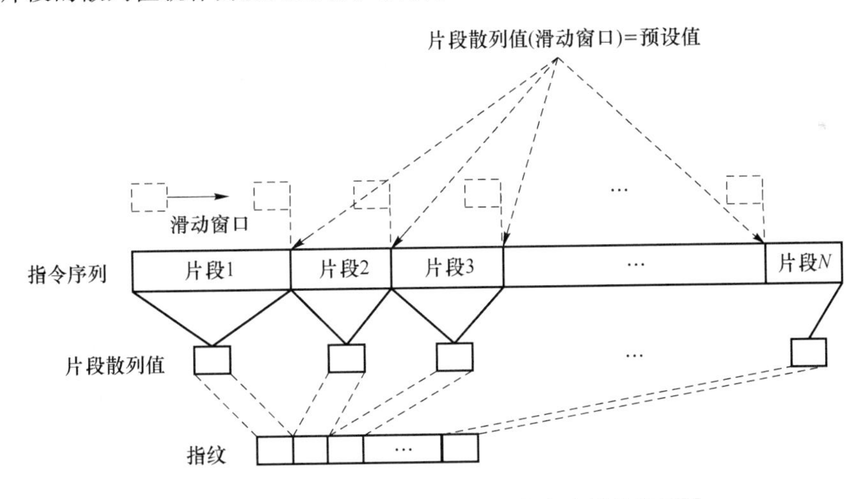

图 5-2 模糊散列的方法对应用程序产生指纹特征[3]

类似的，Juxtapp[4] 使用特征散列对应用程序产生指纹特征。Juxtapp 首先提取应用代码中的基本块，然后对基本块进行处理，保留基本块中的操作码，去掉操作数。在基本块内部，使用一个滑动窗口来提取操作码并对其计算特征散列。对于得到的特征散列值，设置特征向量中对应的比特位。

2. 程序依赖图

基于程序依赖图的检测技术是代码克隆检测中经常使用的方法。DNADroid[9] 通过比较应用的程序依赖图来检测重打包应用。DNADroid 首先使用 dex2jar 将 DEX 代码转换为

JAR 包，然后使用 WALA① 来为应用程序每个类中的每个方法构造程序依赖图。构造的程序依赖图中只包含数据依赖边，因此这种方法对于代码的插入、删除、交换序列有着很好的鲁棒性。

3. 静态语义特征

PiggyDroid[7] 提取应用程序中主要模块的语义特征作为应用程序的特征，包括请求的权限，使用的 Android API、intent 的种类等。PiggyDroid 将这些语义特征都表示在一个特征向量中，用 0 和 1 分别代表对应的特征是否在应用的主要模块中出现。在具体的实现中，PiggyDroid 共提取了 32 011 个 API 特征，136 个权限特征，122 个 intent 特征，180 个内容提供构件(content provider)特征，两个代码加载特征，总共构成了一个 32 451 维的特征向量。

5.2.5 相似度分析

由于对应用程序提取的特征不同，不同技术在比较应用程序之间相似度时使用的方法也有差别。

1. 基于编辑距离的相似度分析

DroidMOSS[3] 通过比较应用程序指纹之间的编辑距离得到应用程序的相似度。Zhou 等提出了一个动态规划算法来计算两个应用指纹之间的编辑距离。对于两个指纹 fp1 和 fp2(长度分别为 len1 和 len2)，DroidMOSS 通过一个二维的矩阵来存储两个指纹任意前缀之间的编辑距离。任意前缀的编辑距离是以下三个值中最小的：

matrix$(i-1,j)+1$，代表在 fp1 中增加一个插入操作；

matrix$(i,j-1)+1$，代表着在 fp2 中增加一个删除操作；

matrix$(i-1,j-1)$，代表在 fp1 和 fp2 之间加入一个替换操作。

最后应用程序之间的相似度计算如下：

$$\text{similarityScore}=\left[1-\frac{\text{distance}}{\max(\text{len1},\text{len2})}\right]\cdot 100$$

如果相似度超过 70，那么 DroidMOSS 会认为这两个应用是重打包关系。

2. 基于 Jaccard 相似系数的相似度分析

JuxtApp[4] 中使用 Jaccard 相似系数来评估应用程序之间的相似度。两个集合 A 和 B 的交集元素在 A 和 B 的并集中所占的比例，称为这两个集合的 Jaccard 相似系数。JuxtApp 中就对两个应用的特征向量进行按位计算得到应用程序之间的相似度。类似的，Zhou 在参考文献[7]中也使用了 Jaccard 距离作为应用程序之间的比较。同时，由于 Jaccard 距离满足三角不等式法则，Zhou 等提出了一个线性搜索算法来降低在大规模应用中检测重打包的复杂度，即不需要两两之间都做比较，只需比较 O(nlogn) 数量级的应用对即可。

3. 基于 PDG 匹配的相似度分析

DNADroid[9] 通过比较应用的程序依赖图来检测重打包应用。对于应用 A 核心代码中的每个方法 f，$|f|$ 是该方法程序依赖图中的结点个数。在计算应用 A 与应用 B 的相似度时，对于 A 中的每个方法在 B 中找到与其最匹配的程序依赖图，假设匹配为 $m(f)$。那么应用 A 与应用 B 之间相似度的计算为：

① IBM. http://wala.sourceforge.net/

$$\mathrm{sim}_{A(B)} = \frac{\sum_{f \in A} |m(f)|}{\sum_{f \in A} |f|}$$

对于每组应用相似度的计算，DNADroid 会计算两个值，$\mathrm{sim}_{A(B)}$ 与 $\mathrm{sim}_{B(A)}$。分别代表应用 A 中代码在应用 B 中匹配的程度，以及应用 B 中的代码在应用 A 中被匹配的程度。在 DNADroid 中，如果 $\mathrm{sim}_{A(B)}$ 或 $\mathrm{sim}_{B(A)}$ 其中有一个值大于 70%，那么应用 A 和应用 B 就会被认为是一个克隆对。

5.3　两阶段的应用重打包检测方法

应用克隆检测工作主要存在如下两点挑战。

1. 如何在达到准确性的同时保持可扩展性

应用市场存在上百万的应用，因此应用重打包检测系统需要在上百万个应用中快速准确地找出重打包应用，并保证在有新应用添加时能够增量式地快速检测新应用是否为重打包应用。然而，对于目前的研究工作，简单的方法（如基于哈希的检测技术和基于静态特征的技术）检测速度很快，但准确率相对不高；复杂的方法（如基于代码克隆检测的技术）准确率比较高，但可扩展性不高，很难直接应用在应用市场级别的大规模应用中。

2. 如何准确地去除第三方库的影响

如前所述，Android 应用的特点之一是很多应用都使用第三方库，第三方库的代码量占到 60%以上，因此第三方库会对应用克隆检测带来很大干扰。目前大部分研究工作都是通过白名单方式过滤第三方库，准确率和覆盖率都不高。

针对这两点挑战，作者接下来介绍 WuKong 重打包检测系统[11,13]，该系统使用如下两项关键技术。

（1）基于聚类的方法来准确和有效地过滤第三方库。这里使用本书第 4 章提出的方法来过滤第三方库。Android 应用中的第三方库使用有两大特点：第三方库一般会被很多应用所使用；开发者在使用第三方库时一般不会对其进行修改，因此可以通过聚类的方法检测第三方库。根据这两个特点，如果对大量应用在包粒度提取特征并且进行聚类，那么属于第三方库的包就会聚到相对较大的集合中。

（2）一个两阶段的应用克隆检测方法。该方法能够确保应用重打包检测同时达到准确性和可扩展性。简单的检测方法可扩展性比较高，但由于特征一般比较简单，因此检测的准确率不如复杂的方法的高；复杂的方法由于使用了详细的特征，因此检测的准确率一般比较高，但是效率成了瓶颈。通过使用两阶段的应用克隆检测方法，首先可以使用简单的方法从数十万的应用中快速检测出可能的克隆应用对，然后对这些应用使用复杂的方法进行更为详细的比较。这种两阶段的检测方法能够同时保证检测的准确性和可扩展性。

WuKong 重打包检测系统整体架构如图 5-3 所示，检测过程包含三个主要阶段。在应用预处理阶段，将应用反编译至 Smali 代码，并提取应用的开发者签名。然后，在目录（代码包）级别提取 API 调用特征，使用基于聚类的方法过滤第三方库。在粗粒度检测阶段，计算每个应用的静态特征，通过比较这些特征来识别出可能的克隆应用对。在细粒度检测阶段，对于可能的克隆应用对，计算每个应用在代码块级别的详细特征，然后计算每个应用对的相似度，从而检测出克隆应用。

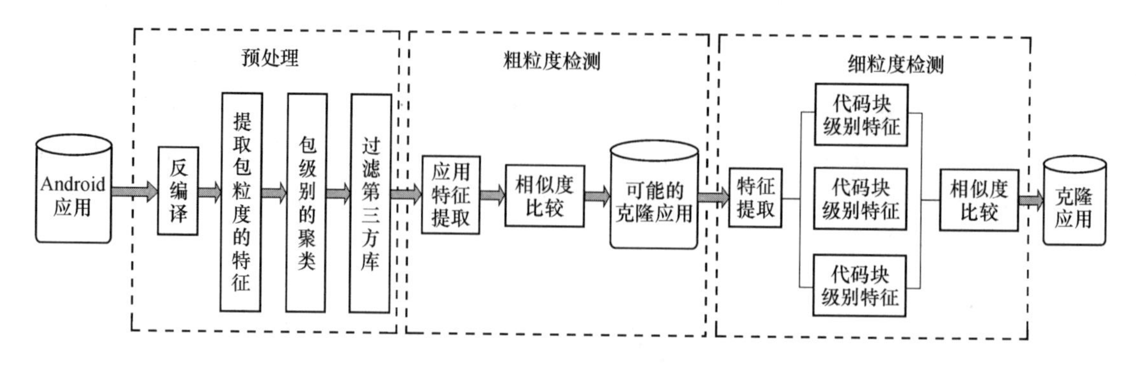

图 5-3 WuKong 重打包检测系统

5.3.1 粗粒度检测

在粗粒度检测阶段，对第三方库过滤之后的代码进行分析。为了进行快速比较，粗粒度检测阶段使用比较简单的 Android API 特征，包括不同 API 的调用次数。每个应用被表示成一个 API 特征向量。原理是如果两个应用核心代码相似，那么它们的 API 调用也比较相似。尽管这样会造成一些误报(两个不同的应用的 API 调用相似)，但是漏报率会非常低。对于所造成的误报，会在细粒度检测阶段进行优化。两个 API 向量的相似度使用改进的曼哈顿距离(Manhattan distance)来表示，如果两个应用的距离小于给定阈值，就会被选出进行下一阶段细粒度检测。对于特征向量 $\boldsymbol{A}$ 和 $\boldsymbol{B}$，若 n 表示总共的特征数，则它们的距离计算如下：

$$\text{distance}(\boldsymbol{A},\boldsymbol{B})=\frac{\sum_{i=0}^{n}|A_i-B_i|}{\sum_{i=0}^{n}(A_i+B_i)}$$

这种改进的曼哈顿距离比之前研究工作中广泛使用的杰卡德距离(Jaccard Distance)更为精确。杰卡德距离没有考虑特征的权重(调用的频率)，而 API 特征的调用频率则是比较相似度的重要因素。例如，在不同应用中，API 使用两次和 100 次是有显著区别，但是杰卡德距离并不能衡量这种区别，而是将它们同等对待。如果两个应用距离小于一个特定阈值，并且两个应用签名不同，则它们就会被选为可疑克隆应用对，进入细粒度检测阶段进行详细比较。低阈值会导致低误报率以及高漏报率，而高阈值会导致高误报率和低漏报率。在粗粒度阶段阈值的选择中，要尽可能地减少漏报率，因为后续在细粒度检测阶段会对误报进行优化。实验中选择 0.05 作为阈值。

对应用两两比较的计算开销很大(数十亿次比较)，因此需要引入一些应用对比较的优化策略。如果两个应用是克隆应用，那么它们核心代码的主要属性差异不会很大。这些属性包括 API 总共调用次数以及 API 种类，即特征向量的元特征(meta data)。代码上微小的改变不会对这些属性造成很大影响，元特征一般保持稳定。因此，如果两个应用的元特征差别很大，就会立即停止比较并将它们标记为不相似。通过这样的优化策略，可以省去绝大多数应用对的比较时间。

5.3.2 细粒度检测

对于在粗粒度阶段检测出的可疑应用对，要提取更详细的特征来比较它们的相似度。细粒度阶段的检测技术是在基于计数的代码克隆检测[14]工作基础上进行优化修改，使其更符合

Android 应用的特性。将每个变量在不同计数环境(Counting Environment)下出现的次数作为特征,为每个变量计算得到一个特征计数向量(Counting Vector),对于每个代码块计算得到一个特征计数矩阵(Counting Matrix)。因此,每个应用的特征由一系列的特征计数矩阵表示,从而两个应用之间的相似度对比就是比较它们的特征计数矩阵中有多大的比例是相似的。

1. 特征提取

(1) 计数环境。计数环境用来描述代码片段中变量的行为特征,通过统计变量在不同计数环境下的次数可以得到变量的特征计数向量。计数环境可以分为三个阶段,每个阶段的计数环境对变量提供不同的特征描述。第一阶段的计数环境是简单计数,包括变量的使用,以及变量的定义。这一阶段的计数环境容易计算,直接从代码块中查找变量并且加上简单分析即可得到。变量出现在"="(或者"+=","-=") 等符号的左边都被认为是变量被定义。第二阶段的计数环境是语句中计数,这一阶段的计数环境体现了变量所在语句的语义信息。例如,如果一条语句以"if"开始,则这是一个条件判断语句,这条语句中的变量在该计数环境下面的值会增加 1。第二阶段中的计数环境包括变量在条件判断语句中出现,在加/减运算中出现,在乘/除运算中出现,作为数组下标,被常量表达式定义等。第三阶段的计数环境是语句内计数,这一阶段的计数环境需要分析多条语句的语义信息。例如,变量在嵌套循环中的层数需要判断变量是在第一层循环出现还是在第二层循环出现,或出现在更深层次的循环中。在这三个阶段中,一共使用 10 种不同的计数环境来描述变量的特征。计数环境很容易扩展,在将来任意被定义好的计数环境都可以被加进来对变量的行为特征进行更为细致的描述。

(2) 特征计数矩阵。特征计数矩阵用来描述代码片段的特征。对于每个变量,通过计算都能得到它在 m 个计数环境下面的一个 m 维度的计数向量,其中第 i 位代表变量在第 i 个计数环境特征下出现的次数。对于包含 n 个变量的代码片段,该方法计算出其中所有变量的计数向量,然后可以得到一个 $n \times m$ 维的特征计数矩阵 **CM**。将这样一个特征计数矩阵作为代码片段的特征。特征计数矩阵 **CM** 的计算复杂度为 $O(L+knm)$,其中 L 代表代码块的长度,k 代表代码块中子块的数目。在计算一个代码块的特征计数矩阵时,首先计算该代码块中子块的特征计数矩阵,然后将它们合并。对于子块的特征矩阵合并不是简单的相加,例如和循环相关的计数环境在合并特征矩阵时需要重新计算,因为子块可能在父代码块的更深一层循环中。除此之外,如果在子块中有新声明的变量,那么在合并之后 **CM** 的大小会增加。

(3) 保留字和符号的特征计数向量。为了提高精确度,该方法还计算保留字和符号的特征计数向量。保留字和符号的名字都是唯一的,因此可以直接将保留字和符号出现的次数作为特征。例如将 while 和 if 等保留字在代码片段中出现的次数作为代码段保留字的特征,将"+"/"-"等符号在代码片段中出现的次数作为代码段符号的特征。最后,为保留字和符号分别生成一个特征计数向量。

2. 相似度比较

为了比较应用之间的相似度,需要计算两个应用之间相似代码块所占的比重。判断两个代码块是否相似,需要比较它们的特征计数矩阵。而特征计数矩阵的比较是通过分析特征向量之间的相似度得到的。因此,整个相似度分析的过程如图 5-4 所示,包括三部分:特征向量的相似度比较,代码块的相似度比较,以及应用的相似度比较。

(1) 特征向量的相似度

对变量的特征向量相似度比较可以通过计算两个特征向量的余弦相似度得到,即两个向量的空间夹角的余弦数值。对于任意的特征向量 $\boldsymbol{a}$ 和 $\boldsymbol{b}$,它们之间的余弦相似度定义如下:

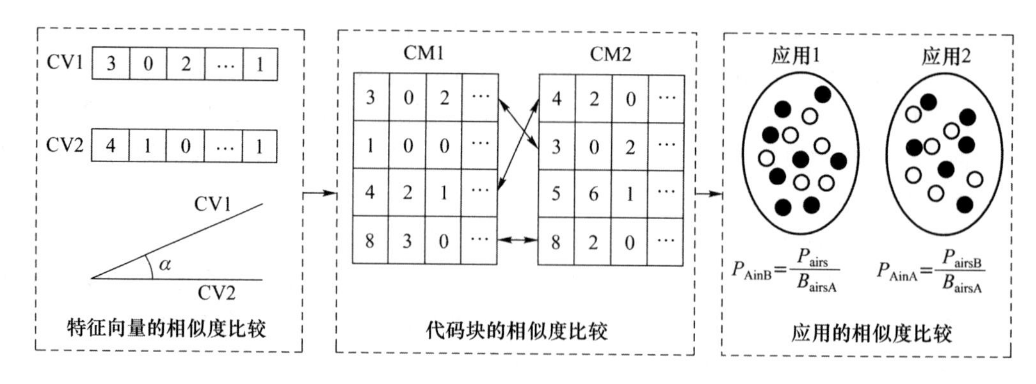

图 5-4 细粒度检测阶段的相似度比较过程

$$\text{CosSim} = \frac{\boldsymbol{a} \times \boldsymbol{b}}{||\boldsymbol{a}|| \, ||\boldsymbol{b}||} = \frac{\sum_{i=1}^{m} a_i \times b_i}{\sqrt{\sum_{i=1}^{m} a_i^2} \times \sqrt{\sum_{i=1}^{m} b_i^2}}$$

对关键字或者符号的特征向量相似度比较，没有使用余弦相似度，而是通过一个改进的比例相似函数计算。对于某个关键字或者符号，它在两个向量中出现的次数分别为 a 和 b $(a>=b)$，那么它们的相似度定义如下：

$$\text{ProSim} = \frac{1}{a+1} + \frac{b}{a+1}$$

若关键字的个数为 k，对于关键字特征向量 $\mathbf{CVK}_1$，$\mathbf{CVK}_2$，它们的相似度为：

$$\text{Sim}_k = \prod_{i=1}^{k} \frac{1+\min(\text{CVK}_1|i|, \text{CVK}_2|i|)}{1+\max(\text{CVK}_1|i|, \text{CVK}_2|i|)}$$

若符号的个数为 s，对于符号特征向量 $\mathbf{CVS}_1$，$\mathbf{CVS}_2$，它们的相似度为：

$$\text{Sim}_s = \prod_{i=1}^{s} \frac{1+\min(\text{CVS}_1|i|, \text{CVS}_2|i|)}{1+\max(\text{CVS}_1|i|, \text{CVS}_2|i|)}$$

(2) 代码块相似度

对于代码块 A 与代码块 B，它们的特征计数矩阵分别为 $\mathbf{CM}_A$ 和 $\mathbf{CM}_B$。首先需要对 $\mathbf{CM}_A$ 中的每个特征向量 $\mathbf{CV}_i$ 找到在 $\mathbf{CM}_B$ 中与之相似度最大的匹配对 Matchi。最大相似度匹配对可以通过二分图匹配算法来查找，但是算法的时间复杂度有 $O(n^3)$，这对于应用中的大量代码块的比较是不能接受的。本书使用一种快速并且准确的启发式算法。对于代码块中的变量，首先根据变量的使用频率对它们进行排序。然后对于代码块 A 中的变量 a，从代码块 B 中找到与 a 排序最接近的变量进行比较。在该算法中允许重复匹配，也就是说代码块 A 中的每个变量都能在代码块 B 中找到一个匹配对，但是对于代码块 B 没有限制。该算法大大减少了比较的复杂度。根据实验结果，该算法是快速并且准确的。

对于每个变量 i 找到相似度最大的匹配 match(i)之后，代码块的相似度 Sim_{CM} 由变量匹配对相似度的乘积得到，如下：

$$\text{Sim}_{CM} = \prod_{i=1}^{n} \text{Sim}(\text{CM}_A|i|, \text{CM}_B|\text{match}(i)|)$$

考虑保留字计数向量相似度和符号计数向量相似度，代码块的相似度为：

$$\text{Sim} = \text{Sim}_{CM} \times \text{Sim}_K \times \text{Sim}_S$$

其中，Sim_K 和 Sim_S 分别代表保留字和符号的相似度。

最后，需要计算一个阈值来判断两个代码块是否相似。随着代码块特征矩阵维数的增加，按照上述公式计算得到的 Sim 值可能会越来越小，因此在判断代码块相似的时候需要考虑到这一点。计算阈值的公式如下：balance＝SimThres_{n+k+s}，其中 k 代表保留字的个数，s 代表符号的个数，SimThres 为一个可以调节的常量。在系统实现中，通过调节 SimThres 的值发现将其设置成 0.95 比较合理。随着维度的增加，阈值也相应地降低。若 Sim＞balance，则认为这两个代码块相似。

（3）应用相似度

两个应用中代码块相似的比例代表应用的相似度，因此在比较应用相似度时，需两两比较两个应用中的代码块。对于两个应用 A 和 B，在计算它们相似程度的时候，考虑两个值 P_{AinB} 和 P_{BinA}，分别代表应用 A 代码块在应用 B 中被克隆的比例，以及应用 B 中代码块在应用 A 中被克隆的比例。最后取其中较大者作为判断这个应用对之间是否为重打包关系。这样的做法主要考虑到有些重打包应用可能添加无用代码来干扰相似度的计算，或者一个大的应用重打包进去很多小应用的功能。在这种重打包情况下，由于原应用的核心代码没有发生改变，这两个值中至少有一个应该比较大。设定了一个阈值 Pthres，当 P_{AinB}＞Pthres 或者 P_{BinA}＞Pthres 时，则判断出应用 A 和应用 B 是重打包关系。通过实验，发现将 Pthres 设置为 85％是比较合理的值。

3. 优化技术

（1）特征提取与相似度计算相分离

为了系统的可扩展性，每次计算完应用的特征矩阵之后，都将应用的特征保存到文件，以便后续比较时使用。这样每个应用要与多个应用进行相似度比较，但是应用的特征矩阵只需计算一次。考虑到应用在大规模应用市场的场景，市场中现有的应用都可以先计算好特征矩阵保存起来，每次市场中有新添加的应用时，将新应用的特征与已有应用的特征进行比较即可。这项优化技术减少了特征提取的冗余计算，使得系统在实际应用的时候具有很好的扩展性。

（2）代码块的过滤

代码块的数量影响着比较的时间和空间效率。行数很少的代码块包含的信息很少，对于这些代码块计算它们的特征计数矩阵没有意义。因此，在系统的实现中过滤掉行数不足 5 行的代码块。实验结果表明，代码块的过滤会在不影响比较准确性的情况下大大提高系统的性能。

（3）代码块的比较优化

对代码块的两两比较是很耗时的过程，严重影响了比较的效率。实验中发现，在代码块过滤之前很多应用的代码块数量在 10 000 以上，那么这样的两个应用比较，它们之间代码块的两两比较会超过 1 亿次，时间开销会很大。即使对代码块进行了过滤，也有很多应用的代码块数量在 1 000 左右，代码块两两之间都进行比较，矩阵的相似度计算也需要一百万次以上。实验中发现很多代码块的比较是无用的，因为很多代码块差异很大，明显是不相似的。因此，有必要对每个代码块提取它的元信息，包括代码块的行数、变量的个数、变量的最大使用次数、关键字总共出现的次数等。代码块的元信息代表代码块的总体属性，如果两个代码块的元信息差别很大，则认为这两个代码块是不相似的，因此也不需要对代码块的特征计数矩阵进行比较。元信息属性的差别体现在两方面：一方面是两个属性的数值差别比较大，比如代码行数 10 行与代码行数 100 行相比；另一方面是两个属性的比例差别比较大，比如变量个数为 5 与变量个数为 10。因此，可以通过计算元信息中属性的数值差别与比例差别，来判断是否需要进行更进一步的代码块比较。

（4）延迟比较

将每个应用的特征计数矩阵保存到文件，在实验中发现从文件中读取保存的代码块的特征计数矩阵的时间占据了很大一部分。因此，有必要对文件读写时间进行优化，减少无用的读写计数矩阵时间。在系统实现中，将代码块的元信息和计数矩阵信息分开保存，只有在两个代码块的元信息相似时才读取计数矩阵信息。实验结果表明，延迟比较对于读写性能的提升效果是十分显著的。

5.3.3 实验结果

WuKong 选取了国内 5 个第三方应用市场中超过 10 万个应用进行实验，如表 5-1 所示。

表 5-1 实验结果

应用市场	移动应用的数量	重打包移动应用比例
anzhi	14 047	13.3%
eoe	40 134	38.1%
gfan	13 672	13.0%
baidu	16 613	15.8%
myapp	20 833	19.8%
total	105 299	100%

对应用预处理之后，有超过 60%的代码是属于第三方库而被过滤掉。在粗粒度检测之后，共检测到 93 122 个可能的重打包应用对，其中包含 14 702 个应用。虽然这些应用占了总应用的 14%左右，但是可能的重打包应用对比总应用对减少了 5 个数量级，极大地缩短了细粒度阶段所需要的检测时间。

在细粒度检测之后，总共检测到 80 439 个重打包应用对，其中包含 12 922 个不同的应用，占了总共数据集的 12%左右。市场内部与市场间的重打包关系如图 5-5 所示。除了市场间的

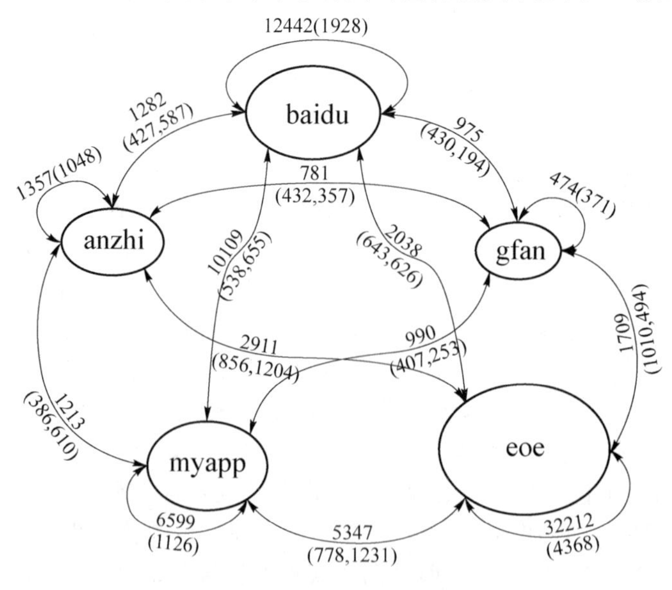

图 5-5 应用市场间及市场内的重打包应用分布

重打包应用，WuKong 还发现了在同一个应用市场内部存在不少的重打包应用。例如，WuKong 发现 eoe 市场中有 4 368 个应用是属于重打包应用，占 WuKong 分析的该市场应用的 10%以上。这个结果也说明了在应用市场内进行重打包检测的重要性。

5.4　重打包检测工具介绍及使用

5.4.1　FSquaDRA 工具

1. FSquaDRA 简介

FSquaDRA[5]是一款第三方、开源的 Android 应用重打包检测工具，它通过比对 Android 应用程序中资源文件(图片、布局文件、多媒体文件)的相似度来进行检测。它支持 10 种相似度度量指标(Jaccard 系数、Manhattan 距离等)，用户可以根据需求选取合适的度量标准。同时，它支持多线程比对，用户可以根据运行环境设置线程数，大大提升比对效率。

2. FSquaDRA 安装

首先要确保操作系统中安装了 Python2. 7，随后可以在 https://github. com/zyrikby/FSquaDRA2 下载 FSquaDRA 软件，解压即可使用。

3. FSquaDRA 使用

图 5-6 是 FSquaDRA 的详细使用说明，其中“--threads”用于设置线程数，“-m”用于设置度量标准，“in_dir”为需要比对的 Android 应用程序路径，“out_file”为输出结果的路径。

```
usage: resource_score_extractor.py [-h] [--threads THREADS_NUM]
                                   [--timeout TIMEOUT]
                                   [--pairs_file PAIRS_FILE]
                                   (--all | -m METRIC)
                                   in_dir out_file

This application extracts similarity metrics of different types of files.

positional arguments:
  in_dir                Path to the folder with Android applications which are
                        needed to be compared
  out_file              Path to the output file to store the results

optional arguments:
  -h, --help            show this help message and exit
  --threads THREADS_NUM
                        Number of parallel process to run for comparison
  --timeout TIMEOUT     Timeout after which the comparison process will be
                        killed.
  --pairs_file PAIRS_FILE
                        Path to csv file with pairs of apps that are required
                        to be compared.
  --all                 Calculate all available metrics
  -m METRIC             Calculate metric. Can be added several metrics.
```

图 5-6　FSquaDRA 使用说明

如图 5-7 为 FSquaDRA 测试示例，我们将 5 个 Android 应用程序放入“/home/test/apk/”目录下，接着在命令行中进入到 FSquaDRA 解压好的目录下，运行指令：

python resource_score_extractor. py – threads 4 -m Jaccard /home/test/apk/ /home/test/1. xlsx

则 FSquaDRA 会开启 4 个线程，以 Jaccard 系数作为度量标准两两比对“/home/test/apk/”目录下的所有 Android 应用程序，并将结果放入“/home/test/1. xlsx”目录下的表格中。

```
Starting analysis...
Starting populating input queue...
Starting process:  Process-1
Starting process:  Process-2
Starting process:  Process-3
Starting process:  Process-4
Processing pair: [cn.com.tgqa.aus.apk]  [cn.nineox.yingke.apk]
Population of the input queue is done...
Processing pair: [cn.com.tgqa.aus.apk]  [cn.com.mcaq.aus.apk]
Processing pair: [cn.com.tgqa.aus.apk]  [cn.com.la.aus.apk]
Starting thread to write results into the file /home/test/1.xlsx...
Processing pair: [cn.com.tgqa.aus.apk]  [cn.com.jyrj.aus.apk]
Processing pair: [cn.nineox.yingke.apk]  [cn.com.mcaq.aus.apk]
Processing pair: [cn.nineox.yingke.apk]  [cn.com.la.aus.apk]
Processing pair: [cn.nineox.yingke.apk]  [cn.com.jyrj.aus.apk]
Processing pair: [cn.com.mcaq.aus.apk]  [cn.com.la.aus.apk]
Processing pair: [cn.com.mcaq.aus.apk]  [cn.com.jyrj.aus.apk]
Processing pair: [cn.com.la.aus.apk]  [cn.com.jyrj.aus.apk]
Analyzed 10 pairs...
Stopping process:  Process-1
Stopping process:  Process-2
Stopping process:  Process-3
Stopping process:  Process-4
Finishing file writer thread...
Done...
```

图 5-7　FSquaDRA 测试示例

测试结果包含各类型资源文件的相似度以及 FSquaDRA 计算的总体相似度值，如图 5-8 所示。例如“Jaccard_all_files”为总体的相似度值，“Jaccard_assets”为 assets 文件夹下资源文件的相似度值。

	A	B	C	D	E	F	G	H	I	J	K
1	apk1	apk2	result	Jaccard_all_files	Jaccard_manifest	Jaccard_resources_arsc	Jaccard_main_code	Jaccard_libs	Jaccard_assets	Jaccard_res_all	Jaccard_res_raw
2	cn.com.tgqa.aus.apk	cn.com.mcaq.aus.apk	ok	0.2605042	0	0	0	0.22222222	0.91176471	0.24870466	0.3333333
3	cn.com.tgqa.aus.apk	cn.com.la.aus.apk	ok	0.36502177	0	0	0	0.5	0.93939394	0.3561013	
4	cn.com.tgqa.aus.apk	cn.nineox.yingke.apk	ok	0.00047416	0	0	0	0	0	0	N/A
5	cn.com.tgqa.aus.apk	cn.com.jyrj.aus.apk	ok	0.1968652	0	0	0	1	1	0.17635659	
6	cn.nineox.yingke.apk	cn.com.mcaq.aus.apk	ok	0.00049925	0	0	0	0	0	0	N/A
7	cn.nineox.yingke.apk	cn.com.la.aus.apk	ok	0.00047985	0	0	0	0	0	0	N/A
8	cn.nineox.yingke.apk	cn.com.jyrj.aus.apk	ok	0.00237192	0	0	0	0	0	0.00199005	N/A
9	cn.com.mcaq.aus.apk	cn.com.la.aus.apk	ok	0.28809869	0	0	0	0.66666667	0.91176471	0.25652842	
10	cn.com.mcaq.aus.apk	cn.com.jyrj.aus.apk	ok	0.09604863	0	0	0	0.22222222	0.91176471	0.07780612	0.3333333
11	cn.com.la.aus.apk	cn.com.jyrj.aus.apk	ok	0.0692395	0	0	0	0.5	0.93939394	0.04919976	

图 5-8　FSquaDRA 测试结果示例

5.4.2　SimiDroid 工具

1. SimiDroid 简介

SimiDroid[15]是一款第三方、开源、多层次比对的 Android 应用重打包检测工具，它支持方法级别（METHOD）、组件级别（COMPONENT）和资源级别（RESOURCE）的 Android 应用程序相似度比对。SimiDroid 能够清晰地展示 Android 应用程序和重打包程序之间的相似性和变化。

2. SimiDroid 安装

详细的下载及安装说明参见如下网址：https://github.com/lilicoding/SimiDroid。

3. SimiDroid 使用

首先在命令行进入到 SimiDroid 解压好的目录下，配置好“AndroidJarsPath”路径和“Plugin name”需要比对的内容。如图 5-9 所示，将“AndroidJarsPath”设置为下载好的 android.jar 文件目录“/home/huyangyu/”，“Plugin name”设置为“METHOD”，即方法级别。

随后运行指令“android -jar Simidroid.jar apk1 apk2”，其中 apk1，apk2 分别为需要比对的 android 应用程序路径，如“android -jar Simidroid.jar /home/test/apk/test1.apk /home/test/apk/test2.apk”，最后 SimiDroid 将结果以 json 格式输出在当前目录下。如图 5-10 所示，结果中包含两个 Android 应用程序中相同的方法数、相似的方法数、新的和删除的方法数，以

及给出的综合相似度值。

```
<SimiDroid>
        <AndroidJarsPath>/home/huyangyu</AndroidJarsPath>
        <!--
        <Plugin name="METHOD">
        //Do not compare library code
                <LibrarySetPath>res/libs91.txt</LibrarySetPath>

        //Compares library only
        <LibrarySetPath exclusive="true">res/libs91.txt</LibrarySetPath>
        </Plugin>

        <Plugin name="COMPONENT" />
        <Plugin name="RESOURCE" />
        -->

    <Plugin name="METHOD">
        <LibrarySetPath>res/libs91.txt</LibrarySetPath>
    </Plugin>
</SimiDroid>
```

图 5-9　SimiDroid 配置文件示例

如果需要比对多个 Android 应用程序，可以参见网址 https://github.com/lilicoding/SimiDroid，有详细的参数使用说明。

```
{
    "conclusion": {
        "identical": "3026",
        "similar": "503",
        "new": "28441",
        "deleted": "15059",
        "simiScore": "0.16279319991392296"
    },
    "verbose": {
        "identical": [
            "<com.tencent.android.tpush.common.i: void <clinit>()>",
            "<com.tencent.android.tpush.XGPushNotificationBuilder: com.tencent.android.tpush.XGPushNotificationBuilder setContentIntent
(android.app.PendingIntent)>",
            "<com.bumptech.glide.load.engine.bitmap_recycle.BitmapPoolAdapter: void clearMemory()>",
            "<com.bumptech.glide.load.model.stream.StreamResourceLoader: void <init>
(android.content.Context,com.bumptech.glide.load.model.ModelLoader)>",
            "<com.bumptech.glide.util.MultiClassKey: void set(java.lang.Class,java.lang.Class)>",
            "<com.bumptech.glide.load.engine.executor.FifoPriorityThreadPoolExecutor$UncaughtThrowableStrategy: void <init>
(java.lang.String,int,com.bumptech.glide.load.engine.executor.FifoPriorityThreadPoolExecutor$1)>",
            "<com.qq.taf.jce.JceInputStream: java.lang.String read(java.lang.String,int,boolean)>",
            "<com.bumptech.glide.request.animation.NoAnimation$NoAnimationFactory: void <init>()>",
            "<com.tencent.android.tpush.common.d: void <init>(com.tencent.android.tpush.common.b)>",
            "<com.bumptech.glide.load.resource.bitmap.GlideBitmapDrawable: void onBoundsChange(android.graphics.Rect)>",
            "<com.tencent.android.tpush.service.XGDaemonService: void <init>()>",
            "<com.tencent.android.tpush.service.a: void d(com.tencent.android.tpush.service.a,android.content.Context,android.content.Intent)>",
            "<com.bumptech.glide.provider.FixedLoadProvider: void <init>
(com.bumptech.glide.load.model.ModelLoader,com.bumptech.glide.load.resource.transcode.ResourceTranscoder,com.bumptech.glide.provider.DataLoadPro
            "<com.bumptech.glide.load.resource.bitmap.TransformationUtils: android.graphics.Bitmap fitCenter
(android.graphics.Bitmap,com.bumptech.glide.load.engine.bitmap_recycle.BitmapPool,int,int)>",
            "<com.bumptech.glide.load.engine.bitmap_recycle.LruBitmapPool: void trimToSize(int)>",
            "<com.bumptech.glide.load.resource.gifbitmap.GifBitmapWrapperStreamResourceDecoder: java.lang.String getId()>",
            "<com.bumptech.glide.load.model.GenericLoaderFactory: com.bumptech.glide.load.model.ModelLoaderFactory getFactory
(java.lang.Class,java.lang.Class)>",
            "<com.bumptech.glide.load.resource.gif.GifFrameLoader$DelayTarget: android.graphics.Bitmap getResource()>",
            "<com.bumptech.glide.load.resource.gifbitmap.GifBitmapWrapperResourceEncoder: java.lang.String getId()>",
            "<com.qq.taf.jce.JceUtil: int compareTo(int[],int[])>",
            "<com.tencent.android.tpush.service.e: void <init>(com.tencent.android.tpush.service.d)>",
            "<com.bumptech.glide.gifencoder.AnimatedGifEncoder: void writeShort(int)>",
            "<com.tencent.android.tpush.service.channel.b.g: void a(int)>",
```

图 5-10　SimiDroid 测试结果示例

5.5　本章小结

本章介绍 Android 应用重打包检测的挑战、方法和工具使用。首先，介绍应用重打包的概念、动机和实现自动化系统的挑战。然后，对经典的应用重打包检测方法及过程进行了介绍。之后，向读者详细介绍了一种基于代码克隆检测技术的两阶段应用重打包检测方法。最后，向读者介绍了两款开源的重打包检测工具的使用。希望读者在学习完这一章的内容之后，能够在后续的研究中能够熟练掌握现有的开源工具的使用。

本章参考文献

[1] Gibler C, Stevens R, Crussell J, et al. Adrob: Examining the landscape and impact of android application plagiarism [C] // Proceeding of the 11th annual international conference on Mobile systems, applications, and services. Taipei, Taiwan: ACM, 2013: 431-444.

[2] Zhou Yajin, Jiang Xuxian. Dissecting android malware: Characterization and evolution [C] // 2012 IEEE symposium on security and privacy. San Francisco, California: IEEE, 2012: 95-109.

[3] Zhou Wu, Zhou Yajin, Jiang Xuxian, et al. Detecting repackaged smartphone applications in third-party android marketplaces [C] // Proceedings of the second ACM conference on Data and Application Security and Privacy. San Antonio, Texas: ACM, 2012: 317-326.

[4] Hanna S, Huang Ling, Wu E, et al. Juxtapp: A scalable system for detecting code reuse among android applications [C] // International Conference on Detection of Intrusions and Malware, and Vulnerability Assessment. Berlin: Springer, 2012: 62-81.

[5] Zhauniarovich Y, Gadyatskaya O, Crispo B, et al. FSquaDRA: Fast detection of repackaged applications [C] // IFIP Annual Conference on Data and Applications Security and Privacy. Berlin: Springer, 2014: 130-145.

[6] Viennot N, Garcia E, Nieh J. A measurement study of google play [C] // ACM SIGMETRICS Performance Evaluation Review. Austin, Texas: ACM, 2014, 42(1): 221-233.

[7] Zhou Wu, Zhou Yajin, Grace M, et al. Fast, scalable detection of piggybacked mobile applications [C] // Proceedings of the third ACM conference on Data and application security and privacy. San Antonio, Texas: ACM, 2013: 185-196.

[8] Zhang Fangfang, Huang Heqing, Zhu Sencun, et al. ViewDroid: Towards obfuscation-resilient mobile application repackaging detection [C] // Proceedings of the 2014 ACM conference on Security and privacy in wireless & mobile networks. Oxford, United Kingdom: ACM, 2014: 25-36.

[9] Crussell J, Gibler C, Chen Hao. Attack of the clones: Detecting cloned applications on android markets [C] // European Symposium on Research in Computer Security. Berlin: Springer, 2012: 37-54.

[10] Chen Kai, Liu Peng, Zhang Yingjun. Achieving accuracy and scalability simultaneously in detecting application clones on android markets [C] // Proceedings of the 36th International Conference on Software Engineering. Hyderabad, India: ACM, 2014: 175-186.

[11] Wang Haoyu, Guo Yao, Ma Ziang, et al. WuKong: a scalable and accurate two-phase approach to Android app clone detection [C] // Proceeding of the 2015 International Symposium on Software Testing and Analysis. Baltimore, Maryland: ACM, 2015: 71-82.

[12] Enck W, Octeau D, McDaniel P D, et al. A study of android application security[C]// Proceedings of 20th USENIX Security Symposium. San Francisco, California: USENIX. 2011, 2:2.

[13] 王浩宇.移动应用权限分析与访问控制关键技术研究[D].北京:北京大学,2016.

[14] Yuan Yang, Guo Yao. Boreas: an accurate and scalable token-based approach to code clone detection[C]//Proceedings of the 27th IEEE/ACM International Conference on Automated Software Engineering. Essen,Germany: ACM, 2012: 286-289.

[15] Li Li, Bissyandé T F, Klein J. Simidroid: Identifying and explaining similarities in android apps[C]// 2017 IEEE Trustcom/BigDataSE/ICESS. Sydney, Australia: IEEE, 2017: 136-143.

第 6 章 移动应用元信息分析

近年来，很多研究工作关注于移动应用的隐私保护和检测恶意应用，但大部分工作都侧重于单方面分析应用的权限、代码或实时监测来检测应用行为是否恶意。虽然很多研究工作都能够检测出应用的敏感行为（如隐私泄露或者敏感数据流），但它们没有针对隐私信息使用的原因进行深入探究，也较难分析应用的敏感行为是否合理，即是正常使用还是恶意收集。

应用的敏感行为是否合理以及是否应该被允许，是与敏感信息的使用意图和用户的期望相关的。一般来说，恶意应用都会请求一些和应用核心功能无关的权限。例如，一个恶意壁纸应用会使用读取联系人权限发送用户手机中的联系人信息。但是对于一个联系人管理和备份应用，把用户的联系人信息通过网络端发送到服务器进行备份是正常行为，而并非隐私泄露。同理，一个用来 Root 手机的应用，通过利用权限提升漏洞获取 Root 权限的行为也应被看作是正常行为。因此，用户所期望的应用功能和应用真实行为之间的差异性应当是检测恶意软件重要指标之一。如何自动化识别出用户所期望的软件功能和软件真实行为之间的差异性，并用此差异性来对软件进行风险评估，是研究需要关注的内容。

很多研究尝试基于用户心中所期望的应用行为，从不同角度分析用户期望与应用行为的差异。为了分析用户的期望，很多研究工作结合了应用元信息，如应用的 UI 界面、应用描述信息和应用的隐私策略 (Privacy Policy)等进行研究。通过动态分析或自然语言处理等技术对应用元信息进行深入分析和理解，然后结合对应用本身代码的敏感行为分析，能够发现应用的异常行为。

因此，本章首先对基于元信息的移动应用安全分析技术进行介绍与总结，主要的研究内容包括应用描述、申请权限、应用行为、应用隐私策略、应用 UI 界面等多种信息之间的一致性审查等。然后，作者从中选取一个研究点，即如何检查应用隐私策略与其行为的一致性进行详述，介绍如何结合自然语言处理和程序分析技术对移动应用进行安全检测。

6.1 基于元信息分析的应用异常行为检测

在移动应用生态中，除了应用本身的 APK 文件以外，每个应用还拥有大量元信息，如应用描述和应用的隐私策略(Privacy Policy)等。用户对应用功能和敏感行为的了解在很大程度上取决于应用的描述和其声明的隐私策略。因此，通过对应用元信息的分析，可以在一定程度上体现用户所期望的应用行为。作者对近年来发表在软件分析和安全顶级会议及期刊上的论文进行总结，基于元信息分析的应用异常行为检测研究主要包括如图 6-1 所示四大类：(1) 应用描述与应用申请权限之间的一致性分析，代表为 WHYPER[1] 和 AutoCog[2]；(2) 应用敏感行为与应用描述之间的一致性分析，代表为 CHABADA[3]；(3) 应用敏感行为与应用 UI 界面的一致性分析，代表为 BackStage[4]；(4) 应用敏感行为与应用隐私策略之间的一致性分析，代表为 PPChecker[5]。

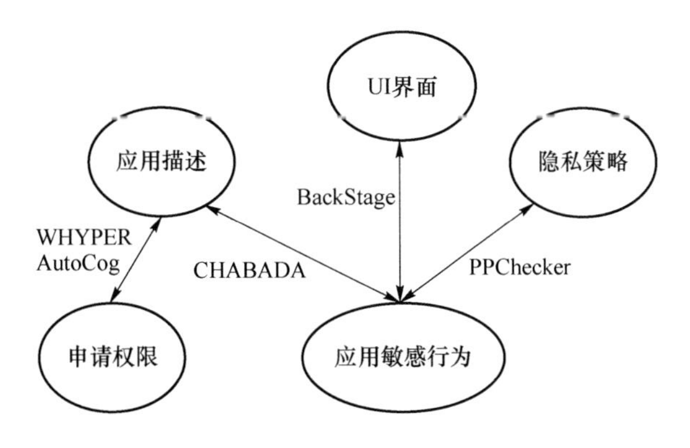

图 6-1 基于元信息分析的应用异常行为检测研究及其代表性工作

6.1.1 应用描述与申请权限的一致性分析

WHYPER 提出了一种基于自然语言处理的方法在应用描述和应用申请权限之间建立映射关系，并用这种映射关系量化应用功能和应用实际行为的差异性。其结构如图 6-2 所示，应用描述在预处理之后，被转化为一阶逻辑树形图，当作语义解析的中间语言。而对于每个敏感权限，WHYPER 找出其调用的资源与行为并整合成语义图。最后，通过一阶逻辑树形图里面的实体节点和谓语节点与语义图里资源的访问类型和方法进行匹配，并找出差异。在此基础之上，AutoCog 提出了改进的方法，该方法结合机器学习和自然语言处理技术，利用大量的数据生成软件描述和软件请求权限之间的关系模型，从而使分析结果更精准和全面。实验结果表明，自然语言处理技术能够有效地识别出这种差异性，并能准确对软件提供风险评估。

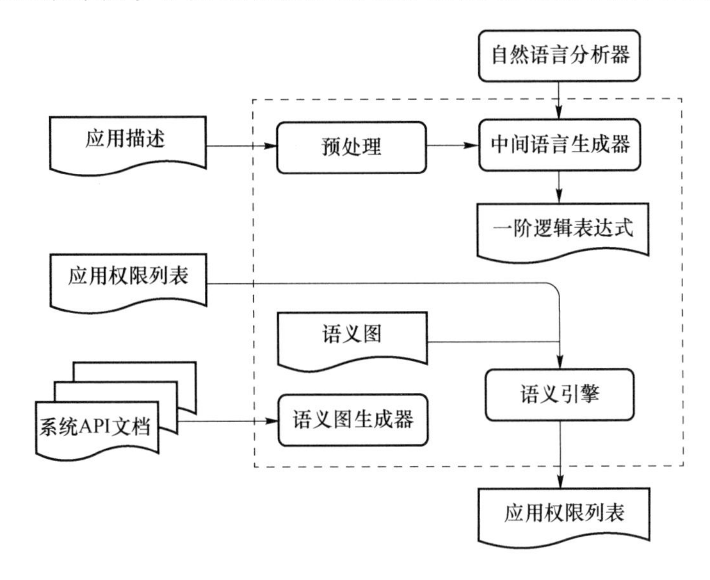

图 6-2 WHYPER 系统架构

然而，应用描述与申请权限的一致性分析研究也存在一些缺陷。例如，很多应用并没有书写规范的应用描述，因此大量应用会被检测出存在应用描述与其行为不一致的现象，而并非都是恶意应用。另外，绝大多数应用不会在其应用描述中说明第三方库的敏感行为，其原因是开发者也较难了解到第三方库的敏感行为，因此第三方库的大量使用会导致应用描述与其行为的不一致性。

6.1.2 应用敏感行为与应用描述的一致性分析

CHABADA 提出通过代码聚类的方式分析应用功能与应用描述的一致性，来检测可能潜在的恶意软件。其主要思路是首先基于自然语言处理技术的主题模型算法（Latent Dirichlet Allocation，LDA）对应用描述进行分析，提取应用描述中的主题。这样，每个应用将生成一个描述的主题向量，即该应用与每一个主题相关的概率。然后，将应用按照主题向量进行聚类，即可得到描述相似的应用集合。对于同一集合中的应用，分析其敏感行为（如敏感 API 调用），即可检测出潜在的恶意应用。实验结果表明，CHABADA 能够让用户检测行为异常的应用，并且可以在没有先验知识的情况下检测恶意应用。后来，Google Play 在应用上架审查时也集成了类似的功能。

在此基础之上，Zhang 等人[6]考虑了第三方库对于检测应用敏感行为与应用描述一致性的影响，并对 CHABADA 进行了改进，如图 6-3 所示。研究表明，由于大部分应用描述中不包括对于第三方库行为和功能的描述，因此在进行一致性分析时经常会造成很多误报。通过将第三方库的影响剔除（例如在分析敏感行为调用时区分是否为第三方库引入），可以减少应用异常行为检测的误报。

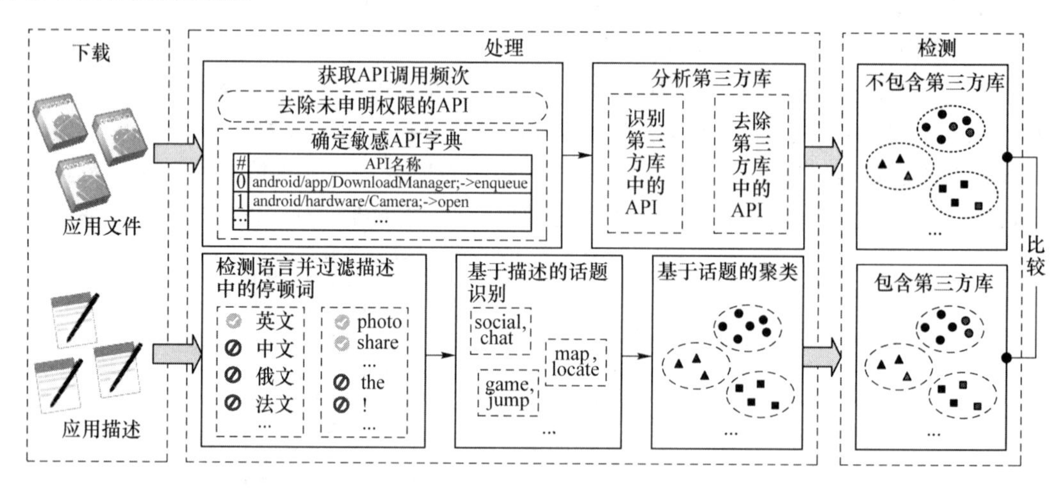

图 6-3 应用敏感行为与应用描述的一致性分析

6.1.3 应用敏感行为与应用 UI 界面的一致性分析

移动应用借助 UI 界面来反映其潜在的功能，因此 BackStage 提出通过挖掘应用 UI 界面与应用敏感行为之间的异常来检测潜在的恶意行为。相似控件往往具有相同的功能，如图 6-4 所示，BackStage 通过挖掘 UI 界面中控件的上下文信息（如名称和文本信息），对海量控件进行聚类分析，同时基于程序分析技术挖掘与控件相关的敏感信息流，将控件上下文的实际行为与敏感权限关联起来，从而发现异常的控件使用。

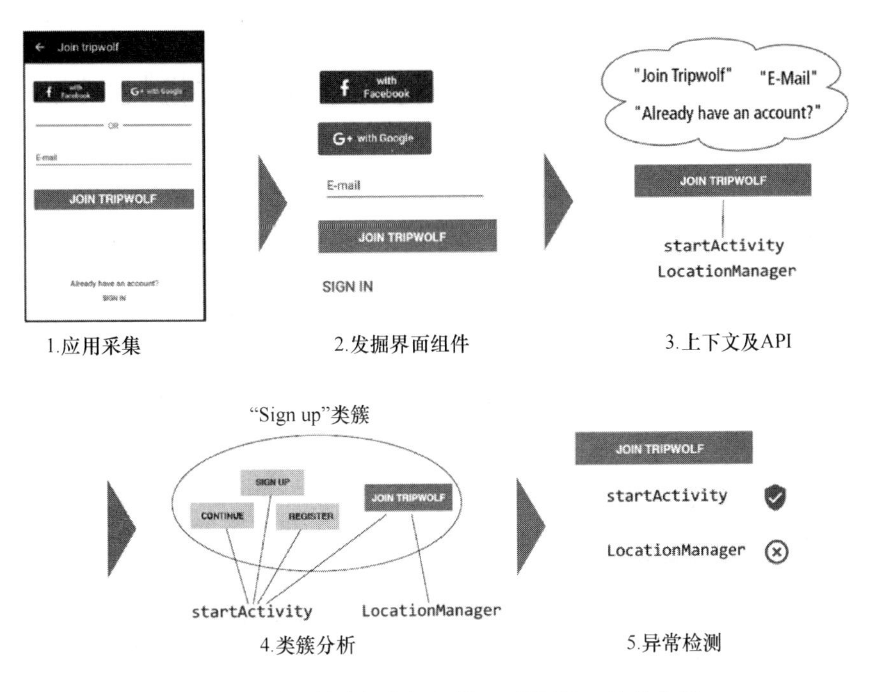

图 6-4　应用敏感行为与应用 UI 界面的一致性分析

6.1.4　应用敏感行为与应用隐私策略的一致性分析

Google 建议开发者在上传应用时发布隐私条例文档，即开发者需要声明用户相关的隐私信息如何被使用、收集或分享，其目的是使用户了解隐私信息如何被使用，从而更好地保护用户隐私。尽管应用开发者为了向用户说明软件潜在的隐私风险而发布相关的隐私条例，但是用户很难直观地判断文档的正确性，当应用收集或分享了隐私条例中声明之外的信息时，用户对此并不知情。

相关研究表明[7~9]，很多应用行为与其隐私条例的不一致性会导致存在滥用权限和隐私泄露的风险。很多应用(包括一些恶意应用)会故意隐藏其敏感行为，通过编写虚假的隐私条例使用户相信该应用的安全性。美国对隐私信息的收集要求很严格，不准确的隐私条例会造成罚款，例如，FTC 将会对未获得父母同意而收集孩子个人信息的应用罚款 800 000 $[10]。因此，检测移动应用的隐私条例是否与应用行为相一致对于保护用户隐私至关重要。

PPChecker 提出研究应用隐私条例文档及应用行为的不一致性问题，并为每个应用自动化生成相匹配的隐私条例文档。研究中使用 Standford Parser 获取隐私条例声明的敏感信息使用，并使用静态分析获取应用的实际行为，通过比较即可分析是否存在不一致的问题。王靖瑜等人[11]在此基础之上，增加了状语、连词和词组成分的分析，使得提取出的隐私条例信息更完善。此外，除了使用静态分析的方式检测应用行为，他们还提出通过动态分析的方法获取动态加载和 Java 反射产生的应用行为，同时使用基于聚类的第三方库检测工具检测应用中第三方库使用的隐私行为获取应用行为信息，解决白名单方式第三方库检测不全和无法获取第三方库实际应用行为的问题。

本章后续内容将以应用敏感行为与应用隐私策略的一致性分析为例，来讲解如何结合自然语言处理技术与程序分析技术进行安全分析。

6.2 应用敏感行为与隐私条例一致性检测

近年来，有不少相关研究关注于隐私条例分析，然而准确进行隐私条例与应用行为的一致性分析还面临以下主要挑战。

（1）隐私条例文档中句子形式复杂多样，因而使用非人工的手段分析和提取有用信息是很困难的。若要提取出关键成分，需要使用自然语言处理方法来生成句子间词语的依赖关系和层次关系，从中找出信息特征（主谓宾定状补）。同时，还要解决句子中关联词组、连词和状语成分等的提取问题，因为这些成分无法直接从句子的依赖关系和层次关系获得，需要再次进行分析。如果没有对状语、连词和词组进行分析，则会出现提取的信息不完整的现象。例如对句子“we collect information about your device ID，phone number.”的信息提取，若没有分析状语和词组，“about”修饰的“device ID”和“phone number”将无法提取出来，造成假阴性，使得实验结果中隐私条例不完整的比例增大。

（2）对隐私条例中包含第三方库隐私信息的行为，大多数研究工作使用白名单方法来检测第三方库。然而白名单方法覆盖率不全，现有工作标记的白名单远远少于可用的第三方库数量，并且不能应对代码混淆问题。研究表明[12]，超过 50％的第三方库都存在不同程度的代码混淆，不能准确检测第三方库会导致应用行为分析的不准确，从而导致一致性分析出现漏报的问题。

（3）现有的隐私条例一致性分析工作均使用静态分析来检测应用的敏感行为，然而静态分析在处理 Java 反射和动态加载时存在局限性，导致应用行为分析的不准确[13]。

为了应对这些挑战，Wang 等人使用一种改进的自然语言处理技术对应用开发者编写的隐私条例文档进行分析，准确提取开发者声明的应用敏感行为。基于 Standford Parser 设计提取特征的算法，并增加连词、修饰宾语的状语和关联词组成分的分析，提取的信息更加完善，通过将提取出的信息进行归类，用于一致性分析。其次，使用静态分析和动态分析相结合的方法分析移动应用实际的隐私行为，提高了移动应用行为分析的准确性。此外，区别于传统的白名单对照方式，使用基于聚类的第三方库的检测方法提高了第三方库检测的准确性。实验结果表明，该工具能够有效检测隐私条例的一致性问题。

本章后续内容将对 PPChecker 和 Wang 等人的方法进行进一步介绍。

6.2.1 隐私条例

隐私条例的信息类型主要包括可体现用户身份的信息、应用运行时可能会使用或分享的个人信息、信息的使用意图等。例如，图 6-5 为应用 com. appsbar. JosephWeather 的隐私条例示例，示例中展示了应用中声明使用信息的方式（收集/不收集隐私信息）。

6.2.2 问题定义

PPChecker 总结了应用隐私条例与应用行为的不一致性主要存在以下三种情况。

1. 不完整的隐私条例

良好的隐私条例应该包含应用使用的所有的隐私数据及其使用方式，否则为侵犯用户隐私。图 6-6 为应用 air. mwe. cookingcuteheartcupcakes 的隐私条例声明，在隐私条例中没有声

Joseph Weather has created this ***privacy statement*** in order demonstrate our firm commitment to privacy. The following discloses the information gathering and dissemination practices for this web site.　　声明隐私条例

This site ***uses*** your IP address to help diagnose problems with our server and to administer our site.　　收集的信息

Since we ***do not collect*** any personal information on this site, we do ***not share*** any personal information that you do share with us should you do so with any third parties nor do we use any personal information for any purposes beyond responding to your contact.　　不收集的信息

图 6-5　com. appsbar. JosephWeather 的隐私条例

明使用用户的位置信息，但在实际行为中，代码会调用 getLastKnownLocation()方法获取位置信息。

隐私条例声明：
We use third-party services to collect Non-personal and non-identifiable information ("Non-personal Information"). Non-personal Information which is being gathered consists of technical information and behavioral information, as detailed below:

Technical information:
• Type of operation system (e.g. Windows, Linux, etc.)
• Type of Browser (e.g. Internet Explorer, Firefox, Chrome, Safari, etc.)
• Screen resolution (e.g. 800×600, 1024×768, etc.)
• Language (e.g. English)
• Android or iOS Vendor (e.g. Galaxy, HTC, iPhone, etc.)
• Flash version

敏感行为：
android.location.LocationManager getLastKnownLocation()

图 6-6　应用 air. mwe. cookingcuteheartcupcake 的隐私条例描述和应用敏感行为

2. 不正确的隐私条例

不正确的隐私条例是指应用在隐私条例中声明不会收集、使用或分享某些隐私信息，但实际却存在了这种行为。例如，图 6-7 中的应用 com. macropinch. hydra. android，其隐私条例声明不会使用位置信息"We will not collect personal information, including your geographic location information, names…"，然而却在代码中发现它调用 getLastKnownLocation()方法获取用户的位置信息。

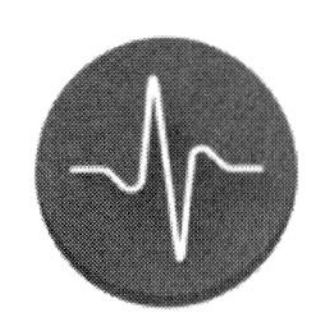

隐私条例声明：
We will not collect personal information, including your ***geographic location information***, names, physical addresses…
敏感行为：
android.location.LocationManager getLastKnownLocation()

图 6-7　应用 com. macropinch. hydra. android 的隐私条例描述和应用敏感行为

3. 不一致的隐私条例

当移动应用声明不会使用某些隐私信息，但在第三方库中使用了这些隐私信息时，则产生不一致的问题。例如，图 6-8 中的应用 com. bestringtonesapps. cuteringtones，其隐私条例中声明“We do not collect information such as your name，address，phone number…”，但其使用的第三方库 Fabric 会用到 READ_PHONE_STATE 权限。

隐私条例声明：
We do not collect information such as your name, address, ***phone number***...
敏感行为：
android.telephony.TelephonyManager listen()
第三方库：Fabric

图 6-8　com. bestringtonesapps. cuteringtones 的隐私条例描述及其使用的第三方库

6.2.3　研究方法

1. 总体介绍

一致性检测系统总体流程图如图 6-9 所示，对于每个应用，首先提取应用对应的隐私条例信息，包括信息的类型以及信息的使用行为。PPChecker 对应用进行静态分析获得应用实际的敏感行为，而 Wang 等人使用静态分析和动态测试相结合的方法。最后，通过将隐私条例的分析结果与应用行为进行一致性检测，即可判断隐私条例是否存在不完整、不正确或者不一致的现象。

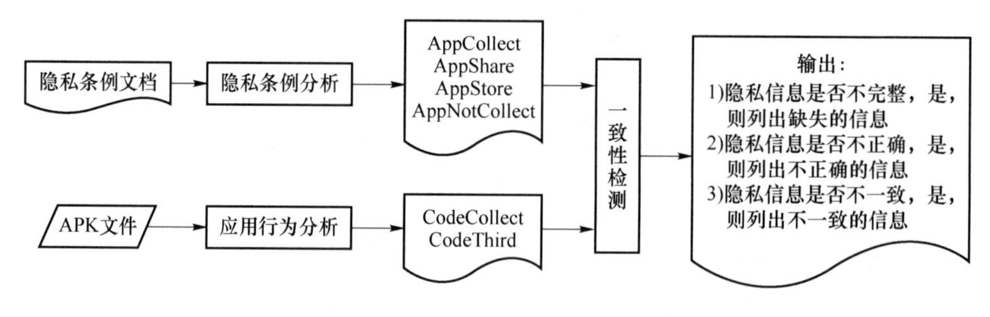

图 6-9　一致性检测系统总体流程图

2. 隐私条例分析

（1）句子结构

如图 6-10 所示，隐私条例中的句子主要包含三个关键部分：执行者、动作和资源。其他的成分如条件（在什么条件下使用该信息）、目的（使用该信息的目的）、时间（什么时候使用）等是可选成分。

We will collect your device information to improve your service.
执行者　动作　　　资源　　　　目的

图 6-10　一个常见的隐私条例的句子结构

执行者：是收集、保存或分享隐私信息的实体，即应用开发者或第三方库开发者。执行者是动作的发出者，通常是主语。

动作：执行者的行为，例如：收集、保存或分享，如图 6-10 中的“collect”。

资源:是动作的执行对象,即隐私信息的部分,如图 6-10 中的“your device information”。

(2) 动词分类

隐私条例中常见的动词分为三类。

1) Collect 动词:用于描述应用使用过程中对隐私信息的收集和使用的行为,如 collect, use 等。

2) Store 动词:用于描述应用使用过程中对隐私信息进行保存的行为,如 retain, store, save 等。

3) Share 动词:用于描述应用使用过程中把隐私信息分享给第三方的行为,如 share, disclose 等。

基于以上三种动作行为,对隐私条例的分析结果可以划分为 AppCollect, AppStore, AppShare 三种,分别代表代码中收集、保存、分享的以及第三方库使用的隐私信息。同时,隐私条例中可能存在否定句的成分,所以对相反的及否定句的分析结果分为 AppNotCollect, AppNotStore, AppNotShare 三种,分别对应代码中不会收集、保存、分享的隐私信息。

(3) 隐私条例分析方法

隐私条例分析的目的是提取出隐私条例文档中声明的隐私信息及其行为,通过对隐私条例的主、谓、宾及状语,连词、词组和否定特征等分析、筛选出的信息进行归类。图 6-11 为隐私条例分析方法。

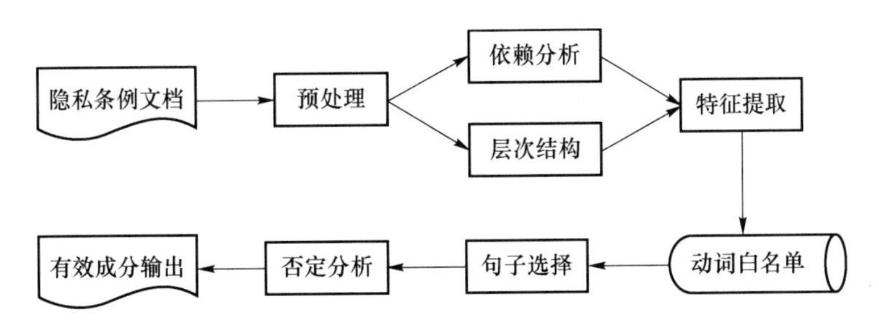

图 6-11 隐私条例分析方法

1) 预处理

预处理部分需要从文本中提取出隐私条例内容,然后将其切分为句子的形式。可以首先使用 BeautifulSoup[14] 将文本转化成 html 的格式。由于隐私条例文档中存在着大量的特殊符号,可能会在分析时产生错误,所以需要将“:”、“;”、“.”等非 ASCII 符号替换成“.”加换行的形式,保证在使用 Standford Parser 进行分析时不会产生句子分割错误的现象。同时,将文本中的所有字符都转换为小写字母。

2) 语义分析

预处理之后,可以得到需要分析的隐私条例文档的内容。我们使用 Standford Parser[15] 将文档中的例句“we share your information with the third party to improve service”转化成层次结构和依赖关系。

层次结构:如图 6-12 所示为例句的层次结构分析。层次结构中的句子被拆分成短语,每一层代表一个短语,每一个单词和短语都分别有一个词性标签,常见的标签有名词(NN)、动词(VB)、形容词(ADJ)、副词(ADV)、人称代词(PRP)等。图 6-12 中,动词是“share”,名词词组是“your information”。

依赖关系:如图 6-13 所示为例句的依赖关系分析。依赖关系描述了句子中每个单词间的相关关系，常见的关系有 sbj 代表主语，root 代表依赖关系的根节点，nsubjpass 代表被动语态中的主语，cc 或 conj 代表并列关系（and，or 等）。图 6-13 中句子的根节点是“share”，主语是“we”，宾语是“information”[16]。

```
(ROOT
  (S
    (NP (PRP we))
    (VP (VBP share)
      (NP (PRP$ your) (NN information))
      (PP (IN with)
        (NP (DT the) (JJ third) (NN party)))
      (S
        (VP (TO to)
          (VP (VB improve)
            (NP (NN service)))))
    (. .)))
```

图 6-12　例句层次结构分析

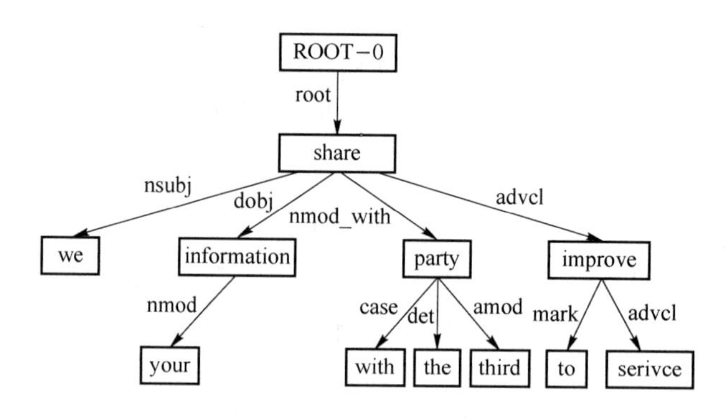

图 6-13　例句依赖关系分析

3）特征提取

由于隐私条例文档中的内容包含多种信息，如应用介绍、作者联系方式等与隐私分析无关的信息，同时隐私条例的编写没有固定的格式，所以句子冗余信息过多。因此，需要提取主要特征来简化句子结构。首先，利用依赖关系提取句子模式为“主语—谓语—宾语”的部分。Wang 等人对 50 个不同的隐私条例文档做了 TF-IDF 分析，进行谓语特征的提取，然后筛选出最常见的动词，共有 39 个动词加入动词的白名单中，用于筛选隐私条例中的动作(注意这不是隐私行为同意改为动作)，如 collect，share，disclose，keep 等，进而可以剔除一些不相关的隐私行为(make，have 等)。其次，根据有效动词从依赖关系中提取其主语和宾语成分，构成主谓宾最短的句子模式。若句子的结构为主语—be allowed/accessed to＋动词—宾语模式或者主语—be able to＋动词—宾语模式，则根据依赖关系提取“xcomp”或“ccomp”成分作为实际的隐私信息行为，例如“we are allowed to collect your phone number”。为了过滤掉特征中的无意义词语，使用停用词列表[17]去除特征中的无用词，如 your，our 等；对宾语去掉于隐私信息分析无用的词，如 service 等。

为了提高隐私信息提取的准确性，需要进行状语、连词和词组成分的提取。

首先，部分隐私条例的隐私信息会出现在状语中，忽略状语的分析可能使得提取出的信息不完整。例如，移动应用 Facebook 其一条隐私条例其中一句为“we collect information about the purchase or transaction.”，只提取主谓宾的成分后获得的信息是“we collect information”,“information”是一个无意义的信息,真正修饰“information”的成分为about后的状语内容。为了解决这类问题,我们提取出宾语子树成分中含有“about”,“of”,“from”,“including”,“such as”等词为子树根节点的名词短语部分,添加到资源列表中。

其次,很多相关研究工作没有考虑连词成分的提取,导致信息提取不全。例如,移动应用LeadBolt其一条隐私条例为“We may also collect and store information locally on your device using mechanisms such as local storage identifiers.”,只提取主谓宾成分后获得的信息是“we collect information”,无法提取出其连词成分“store”,而“store”也是需要关注的隐私行为,因此可能会在一致性检测中造成不完整的问题发生。此外,名词并列的例子如“And also you may choose to submit an e-mail address and password for account recover process(Log-in) and later communication.”,若不进行连词成分提取,将忽略信息“password”。因此,我们需要根据句子依赖关系“cc”,“conj_”,提取出谓语和宾语的连词成分添加到资源列表和行为列表中。

最后,有些常见的隐私信息并不是单一词语的形式,如“device Id”,“phone number”等,若根据依赖关系,只能提取出一个词“Id”,“number”,会造成一致性检测匹配失败,造成错误提示不完整的隐私条例的问题发生。例如,移动应用“com. facebook. katana”其一条隐私条例为“you may choose to submit account information in order to connect your WhatsApp, LINE, Facebook”,若不做词组成分的分析,那本句提取出的宾语是“information”,是停用词列表中的词汇,那么本句将无隐私信息提出,造成假阴性;而使用词组成分分析,可以提取出“account information”,不会造成假阴性。因此,需要根据句子依赖关系“nn”,“compound”,“amod”对宾语列表中的宾语进行词组拼接解决以上问题。

4）句子选择

特征提取出的句子模式分为6种,在隐私条例文档中,这些模式的句子将被提取出来,其余的将被过滤掉,不做进一步分析。表6-1为6种句子模式的语义模型和例句。

表6-1　6种句子模式和例句

编号	特征名	语义模型	例句
S1	主动语态	执行者＋行为＋资源	We will collect your phone number.
S2	被动语态	资源＋行为	Your personal information will be used.
S3	被动描述	执行者＋be allowed/allowed/able to＋行为＋资源	We are allowed to store your location information.
S4	目的描述	执行者＋行为＋资源＋to＋行为＋资源	We will use GPS to get your location.
S5	状语描述	执行者＋行为＋资源＋介词＋资源	We will collect your information about device Id.
S6	连词描述	执行者＋行为＋连词＋行为＋资源 或者执行者＋行为＋资源＋连词＋资源	We will collect and share your address. or We will collect your device information and location information.

S1和S2模式的匹配:从句子的依赖关系中提取出根节点,判断其是否存在于动词筛选列表中,若是,则继续分析其相关的成分,否则,找到与根节点相关的连词成分和主语后,过滤掉该动词。

S3模式的匹配:从句子的依赖关系中提取出根节点,判断其是否是“allowed”或者“able”,

若是，则找到其补语“xcomp”或者“ccomp”关系，判断该动词是否存在于动词筛选列表中，若是，继续分析相关成分，否则过滤掉该动词。

S4 模式的匹配：从句子的依赖关系中提取出根节点，然后找到其“xcomp”关系的引导词，判断两个动词是否在动词筛选列表中，若是，则继续分析相关成分，否则过滤掉该动词。

S5 模式的匹配：该模式主要用于提取出的资源的子树中的其他资源的情况，当获取资源列表后，通过层次结构关系，判断其子树的根节点中是否包含“about”等介词，若有，则提取出子树中的名词和名词短语部分，添加到资源列表中。

S6 模式的匹配：用于句子中包含多个并列行为和资源的情况，从句子的依赖关系中提取出根节点，判断其是否存在于动词筛选列表中，然后检查是否有连词关系“conj_”，若有则进入筛选阶段，然后将其加入行为列表或资源列表中。

5）否定分析

PPChecker 和 Wang 等人的研究工作均从两个方面判断句子是否具有否定含义。

① 资源为 nothing，如句子“Nothing will be used”。

② 句子中根节点被否定含义词修饰，如句子“we will not/hardly collect information”，使用否定词列表[17]来确定该句子是否具有否定含义。

3. 应用行为分析

以下介绍如何使用静态分析和动态分析相结合的方式来分析应用的敏感行为。首先，使用静态分析的方式获取敏感 API 调用，然后使用动态分析获取应用的动态加载和 Java 反射的敏感行为，最后使用第三方库检测工具分析第三方库的行为。

（1）静态分析

反编译：使用 apktool[18]将输入的 APK 文件反编译，获得应用的 smali 代码 AndroidManifest. xml 文件和一些其他的文件。

权限提取：隐私信息的调用一般包括两种：一种是调用敏感 API，如调用 getCellLocation()来获取设备的位置信息；另一种是通过内容提供商获取应用使用的敏感信息，如调用 android. content. ContentResolver. query()，参数为 content：// com. android. calendar 来获取日历信息。

为了确定应用中使用的敏感权限，我们从 PScout 选取与隐私信息相关的敏感 API，这些隐私信息包括：device ID，subscriber ID，sim serial number，location，account，calendar，phone number，camera，audio，device version，message，log。这些隐私信息为隐私条例中的常见信息，也是用户最关注的信息。然后，将 smali 代码中的特征与这些敏感 API 的特征（包名、方法名）进行对比，如果 smali 代码中存在一致的特征，则认为调用了该敏感 API，记录下该 API 使用的权限。同时，选取涉及隐私信息的 Content Provider URI，若应用调用了这些 URI，我们根据该 URI 记录下其使用的权限信息。在提取敏感 API 和 URI 的权限的同时，根据 Google Java Style 的驼峰式函数命名方式，可以将实际使用的权限信息和隐私信息进行映射，例如：getDeviceId()需要声明 READ_PHONE_STATE 权限来获取 device ID 信息，因此可以将 READ_PHONE_STATE 和 deviceID 进行关联，同理，PScout 将 content：// contacts 映射为 android. permision. READ_CONTACTS，因此可以将其与“contact”关联。

（2）动态分析

Android 应用中动态加载和 Java 反射机制使用得很普遍，恶意软件可以使用 Java 反射机制获取 Android 的隐藏 API，并获取到系统内部才能够调用的 API 和权限，对用户安全造成极大威胁。而只使用静态分析的方式并不能检测出动态加载和Java反射过程中使用到的权限信息，因此，为了完整地获取应用使用的隐私权限，需要结合动态分析方法对其进行补充。

这里，作者介绍使用Xposed框架和Droidbot[19]对应用进行动态测试的方法。Droidbot是一种基于应用UI界面的自动化测试工具，可以触发应用运行时的所有可能行为，包括APK在运行时的截图(用户点击行为、弹框等)、调用敏感API及其使用的权限、应用请求方式以及请求的URL等，作者将在第7章的移动应用动态分析技术中对Droidbot进行详细介绍。此外，为了判断被调用的API的位置是第三方库还是应用本身，需要在Droidbot中添加应用运行时的调用栈。图6-14为应用astrology. jyothishadeepthi. tamil. demo. apk的部分调用栈。将动态分析的结果和第三方库分析出的包名和权限比对，可筛选出程序中非第三方库产生的敏感行为，进一步与静态分析的结果相结合，可以获得应用中所有使用的敏感行为信息。

```
'astrology.jyothishadeepthi.tamil.demo'---android.accounts.AccountManager.getAccountsByType
'astrology.jyothishadeepthi.tamil.demo'---type :com.google
'astrology.jyothishadeepthi.tamil.demo'---java.lang.Throwable
        at com.android.reverse.apimonitor.AccountManagerHook$2.descParam(AccountManagerHook.java:41)
        at com.android.reverse.apimonitor.AbstractBehaviorHookCallBack.beforeHookedMethod(AbstractBehaviorHookCallBack.java:13)
        at com.android.reverse.hook.MethodHookCallBack.beforeHookedMethod(MethodHookCallBack.java:12)
        at de.robv.android.xposed.XposedBridge.handleHookedMethod(XposedBridge.java:611)
        at android.accounts.AccountManager.getAccountsByType(Native Method)
        at astrology.jyothishadeepthi.tamil.demo.FlashMainActivity.getAccountNames(FlashMainActivity.java:1995)
        at astrology.jyothishadeepthi.tamil.demo.FlashMainActivity.login(FlashMainActivity.java:1138)
        at astrology.jyothishadeepthi.tamil.demo.FlashMainActivity.datevalidation(FlashMainActivity.java:1291)
        at astrology.jyothishadeepthi.tamil.demo.FlashMainActivity$1.run(FlashMainActivity.java:229)
        at java.lang.Thread.run(Thread.java:841)
```

图6-14　astrology. jyothishadeepthi. tamil. demo. apk的部分调用栈

(3) 第三方库分析

Android应用中经常使用第三方库，包括广告库、社交网络库、开发工具库等。但实际上，开发者对第三方库所使用的权限信息甚至功能并没有完整地了解。相关研究均使用白名单方法检测第三方库，然而白名单方法存在覆盖不完整和不能处理代码混淆等缺点。在这里，可以使用本书在第4章介绍的Libradar[12]工具来替代白名单方式进行第三方库的分析。LibRadar能够快速准确检测应用中使用的第三方库、类别、包名及其使用的权限等信息。此外，使用Libradar检测第三方库的实际应用行为而不使用第三方库声明的隐私条例的原因如下。

1) 第三方库声明的隐私条例也可能会出现与实际应用使用的隐私信息不一致的问题，直接进行隐私条例的比较获得的结果不准确，

2) 第三方库没有声明隐私条例的，将无法进行隐私条例不一致性的分析。

4. 一致性检测

一致性检测的目的是检测应用声明的隐私条例文档和应用实际的敏感行为是否存在不完整、不正确和不一致的问题。如图6-15所示为一致性检测模块的流程，检测分为以下三方面。

不完整性检测：将应用分析中应用本身的行为与隐私条例分析的使用的信息进行对比。

不正确性检测：将应用分析中应用本身的行为与隐私条例分析的不使用的信息进行对比。

不一致性检测：将应用分析中应用使用的第三方库与隐私条例分析的不使用的信息进行对比。

完成隐私条例分析和应用行为分析后，可以获得代码中(codeCollect，CodeThird)和隐私条例文档中声明的信息(AppCollect/AppNotCollect，AppShare，AppStore)作为一致性检测的对象。

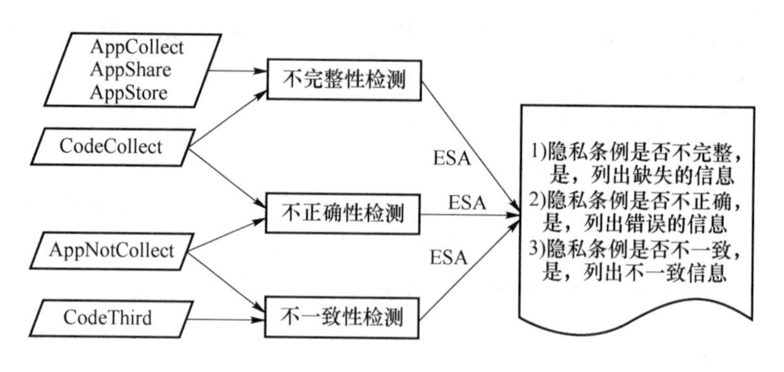

图 6-15　一致性检测模块流程图

（1）不完整隐私条例检测

如果代码中检测出的隐私权限对应的隐私信息未在隐私条例文档中声明，则判定为不完整的隐私条例。确定应用行为分析中使用的权限(CodeCollect)是否出现在隐私条例文档的声明中(AppCollect，AppShare，AppStore)。若没有，则记录下该权限和信息内容。

匹配代表代码中的权限信息和隐私条例文档中的信息指的是相同的信息。但是代码分析中提取出的信息是根据使用的方法(getDeviceId())或权限映射(ACCESS_FINE_LOCATION 对应 location)得来的，二者的表达方式通常存在着很大的差异，在这里，可以使用 ESA 算法[20]来比较两个文本间语义的相似程度，ESA 通过比较与词相关的维基文档的权重向量来计算相似度，每个维基概念都是由出现在这个文章中的词向量来表示，向量的矢量是通过 TFIDF 模型得出的权值，这些权值表明了词和概念之间联系的紧密度。因此，当两个文本间的相似度值到达一个阈值时，则认为这两个文本所指的是同一事物。

但是在进行代码中权限信息和隐私条例中信息匹配过程中，需要先确定隐私条例中声明的信息具体对应的权限，因此需要将该信息与权限映射的所有关键词(如 ACCESS_FINE_LOCATION 映射关键词之一为 location)频繁匹配，通过 ESA 计算找到隐私条例声明信息的对应权限，使得效率大幅降低。因此，需要通过对匹配模型优化，将进行相似度计算的信息的结果存储到权限对照表中，如格式为：phone number：READ_PHONE_STATE。当再次遇到该信息时，首先查找权限对照表中是否存在该信息，若存在则直接提取出权限，若不存在再进行 ESA 计算文本间相似度获取相应权限。通过这种方法，可以将隐私条例中的信息与其对应的权限一一匹配。然后，将代码中的权限与隐私条例进行比较，若代码中的权限不存在于隐私条例中，则记录下该权限，并判定为不完整；否则，则判定为一致，不存在不完整的问题。

（2）不正确隐私条例检测

如果隐私条例中声明不会使用某隐私信息，但是却在代码中检测出来，则判定为不正确的隐私条例。将隐私条例中声明不会使用的信息通过 ESA 相似度计算或查找权限对照表的方式找到其对应的权限，然后遍历除第三方库外代码中使用的权限，若在代码的权限中找到了该权限，则判定为不正确；否则，则判定为一致，不存在不正确的问题。

（3）不一致隐私条例检测

如果隐私条例中声明不会使用某隐私信息，但是却在第三方库中检测出来，则判定为不一致的隐私条例。将隐私条例文档中的信息经过 ESA 计算后获取的权限信息的结果与代码中第三方库使用的信息进行匹配，如果第三方库使用了隐私条例中声明的不会使用的权限，则判定为不一致；否则，则判定为一致，不存在不一致的问题。

6.3 本章小结

本章首先对基于元信息的移动应用安全分析技术进行了总结，主要的研究内容包括应用描述、申请权限、应用行为、应用隐私策略、应用 UI 界面等多种信息之间的一致性审查等。然后，作者从中选取如何检查应用隐私策略与其行为的一致性进行详述，介绍如何结合自然语言处理和程序分析技术进行安全检测。读者从本章中可以学习如何结合应用代码与其他元数据进行分析。

本章参考文献

[1] Pandita R, Xiao Xusheng, Yang Wei, et al. WHYPER: Towards Automating Risk Assessment of Mobile Applications[C]// Proceedings of the 22nd USENIX Security Symposium. Washington, D. C. :USENIX Association,2013:527-542.

[2] Qu Zhengyang, Rastogi V, Zhang Xinyi, et al. AutoCog: Measuring the Description-to-permission Fidelity in Android Applications[C]// Proceedings of the 2014 ACM SIGSAC Conference on Computer and Communications Security. Scottsdale:ACM,2014:1354-1365.

[3] Gorla A,Tavecchia I,Gross F,et al. Checking App Behavior Against App Descriptions [C]// Proceedings of the 36th International Conference on Software Engineering. Hyderabad:ACM,2014:1025-1035.

[4] Avdiienko V, Kuznetsov K, Rommelfanger I, et al. Detecting Behavior Anomalies in Graphical User Interfaces[C]// Proceedings of the 39th International Conference on Software Engineering Companion. Buenos Aires:IEEE Press,2017:201-203.

[5] Yu Le,Luo Xiapu,Chen Jiachi,et al. PPChecker: Towards Accessing the Trustworthiness of Android Apps' Privacy Policies[J]. IEEE Transactions on Software Engineering,2018:1-1.

[6] Zhang Chengpeng, Wang Haoyu, Wang Ran, et al. Re-checking App Behavior against App Description in the Context of Third-party Libraries[C]// Proceedings of the 30th International Conference on Software Engineering and Knowledge Engineering. Redwood City:KSI,2018:665-710.

[7] Zimmeck S,Wang Ziqi,Zou Lieyong,et al. Automated Analysis of Privacy Requirements for Mobile Apps[C]// Proceedings of the 24th Annual Network and Distributed System Security Symposium,San Diego:ISOC,2017:286-296.

[8] Unuchek B. Mobile malware evolution 2016[EB/OL]. (2017-02-28)[2019-03-15]. https: // securelist. com/analysis/kaspersky-security-bulletin/77681/mobile-malware-evolution-2016/.

[9] Slavin R, Wang Xiaoyin, Hosseini M B, et al. Toward a Framework for Detecting Privacy Policy Violations in Android Application Code[C]// Proceedings of the 38th International Conference on Software Engineering, Austin:ACM,2016:25-36.

[10] Federal Trade Commission. Path social networking app settles FTC charges it deceived consumers and improperly collected personal information from users' mobile address books [EB/OL]. (2013-01-01)[2019-03-15]. https://www.ftc.gov/news-events/pressreleases/2013/02/path-social-networking-app-settles-ftccharges-it-deceived.

[11] 王靖瑜，徐明昆，王浩宇. Android应用隐私条例与敏感行为一致性检测[J]. 计算机科学与探索，2019，13(1)：56-69.

[12] Ma Ziang, Wang Haoyu, Guo Yao, et al. LibRadar: Fast and Accurate Detection of Third-party Libraries in Android Apps[C]//Proceedings of the 38th International Conference on Software Engineering Companion. Austin: ACM, 2016: 653-656.

[13] Wang Haoyu, Guo Yao, Tang Zihao, et al. Reevaluating Android Permission Gaps with Static and Dynamic Analysis [C] // Proceeding of the 2015 IEEE Global Communications Conference. San Diego: IEEE, 2015: 1-6.

[14] Richardson L. Beautiful soup[EB/OL]. (2016-09-09)[2019-03-15]. https://media.readthedocs.org/pdf/beautifulsoup-korean/latest/beautifulsoup-korean.pdf.

[15] De Marneffe M C, MacCartney B, Manning C D. Generating typed dependency parses from phrase structure parses[C]//Proceedings of the 5th International Conference on Language Resources and Evaluation. Genoa: European Language Resources Association, 2006: 449-454.

[16] De Marneffe M C, Manning C D. Stanford typed dependencies manual[EB/OL]. (2016-09)[2019-03-15]. http://nlp.stanford.edu/software/dependencies_manual.pdf.

[17] Negative vocabulary word list[EB/OL]. http://goo.gl/qX7UtK.

[18] Apktool. A tool for reverse engineering android apk files[EB/OL]. https://ibotpeaches.github.io/Apktool/.

[19] Li Yuanchun, Yang Ziyue, Guo Yao, et al. DroidBot: a Lightweight UI-guided Test Input Generator for Android. In Proceedings of the 39th International Conference on Software Engineering Companion. Buenos Aires: IEEE Press, 2017: 23-26.

[20] Gabrilovich E, Markovitch S. Computing Semantic Relatedness Using Wikipedia-based Explicit Semantic Analysis [C] // Proceedings of the 20th International Joint Conference on Artificial Intelligence. Hyderabad: Morgan Kaufmann Publishers Inc, 2007: 1606-1611.

第 7 章 移动应用动态分析技术

本书在前面章节主要介绍了基于静态分析技术的移动应用安全分析方法，然而移动应用静态分析存在一些固有挑战，给应用分析带来困难。例如，Android 应用具有很多动态特性(Java 反射机制和 Dex 动态加载机制)，使得静态分析存在很大难度。此外，Android 应用中 Native 代码和应用加壳情况越来越多，而如何对 Native 代码进行静态分析以及如何在应用分析时进行脱壳仍然是待解决的问题。而传统静态分析的缺陷，在动态分析中可以很好地解决。因此，在移动应用安全实际研究和工程运用中，通常采用静态分析和动态分析技术结合使用的方法。

本章主要对移动应用动态分析技术进行介绍，主要包括动态沙箱技术和移动应用自动化测试技术。然后，对一些常用的动态分析工具进行介绍，通过学习读者可以搭建动态分析环境或在此基础之上进行深入研究。

7.1 动态分析

动态分析即通过将应用隔离在沙箱中执行，监控应用的行为，从而分析应用敏感操作的技术。动态分析技术通常用以用户检测恶意应用和隐私泄露行为等。具体来说，动态分析能够监控的应用行为包括：敏感资源(敏感 API 和文件)的访问、应用的越权行为(如 root 权限提升)、系统劫持行为、敏感信息流(如隐私泄露)和网络行为等。由于动态分析能够获取应用实际发生的行为，因此动态分析具有准确性高的特点。

7.1.1 动态分析与静态分析的对比

首先，移动应用分析方法主要考虑以下指标。

(1) 健全性：即尽量保证所有的问题都能检测到。

(2) 准确性：尽量保证检测到的都是正确的，以及尽量减少假阳性(false negative)。

(3) 速度与性能：需要考虑分析方法的时间/空间复杂度，以及方法的可扩展性问题，即能够适用于大多数的应用。

针对这些指标，我们对动态分析和静态分析进行对比。

(1) 从健全性方面考虑，一般认为静态分析方法会更好，因为静态分析理论上可以覆盖所有可能的执行路径，而动态分析的路径覆盖完全依赖于自动化测试工具(输入生成技术)的好坏，并且几乎不可能对应用的代码达到 100%的覆盖率。

(2) 从准确性方面考虑，一般认为动态分析方法会更好，因为检测到的即是真实存在的问题，而静态分析会存在一定程度的误报，即检测到的问题或者路径并不是可达的，而完全依赖于某些条件的触发，但这些条件并不一定都能够满足。

(3) 从速度与性能来说，一般认为静态分析方法会更好，比较适用于大规模分场景，而动态分析存在可扩展性问题，因为自动化测试比较费时并且不具备可扩展性。

需要注意的是，在实际分析中，静态分析与动态分析的这些对比并不一定成立。例如，复杂的静态分析操作(如对复杂应用进行符号执行，或者分析完整的控制流等)也需要较多的计算资源和时间。

因此，在实际运用中，对静态分析和动态分析方法如何抉择是完全取决于要分析和解决的问题。例如，若只需要分析 API 调用、应用的权限(申请权限和使用权限)等信息，则只需要静态分析就能够比较好地完成；如果需要分析敏感信息流，但目标应用较简单且没有使用复杂的加固和混淆手段，则静态分析也比较适用；如果目标应用可能比较复杂或者采用了一定程度的加固和混淆技术，则动态分析比较适用于该场景。

7.1.2 动态分析的主要研究内容

如图 7-1 所示，动态分析的研究内容主要分为两大块。(1) 动态沙箱的构建：即如何监控移动应用的敏感行为，这里的敏感行为根据具体的分析需求可以扩展，包括敏感信息流、网络行为、敏感 API 调用等；(2) 自动化测试技术：即如何通过生成自动交互输入，尽量多地触发应用敏感行为。通常情况下，这两种技术结合使用来构造一个完整的动态分析系统。

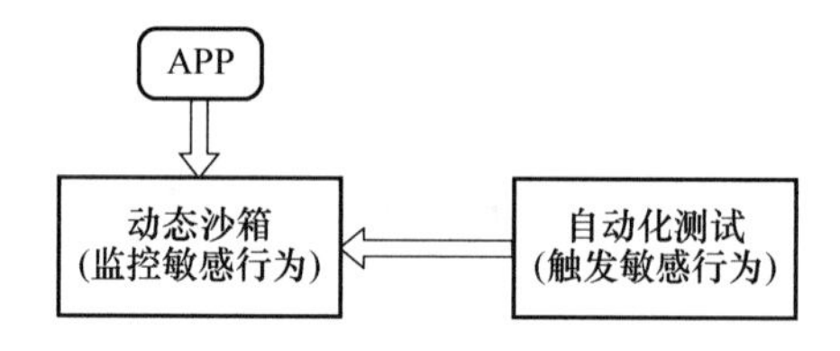

图 7-1 移动应用动态分析的主要研究内容

7.2 动态沙箱技术

沙箱，即一个独立的虚拟执行环境，允许在该环境中运行其他应用程序，运行所产生的变化可以随后删除，可以用来测试不受信任的应用程序的行为。沙箱中常监控的行为包括信息流追踪和敏感的网络行为等。因此，沙箱技术通常和动态信息流追踪技术、网络包监控技术等一起使用。

7.2.1 动态信息流追踪技术

信息流追踪技术是通过修改 Android 系统，追踪敏感信息的传播与泄露来发现安全威胁的技术。隐私数据被标记一个污染标签(taint tag)作为污染源(taint source)。例如，API LocationManager. getLastKnownLocation()可以被设置为一个污染源，调用它将会返回最近已知的位置信息。污染标签将会随着代码中的数据流进行传播，在应用程序运行的过程中如果对污染源进行操作，那么新生成的数据也会被污染。如果有被污染的数据通过污染泄漏点(taint sink)离开设备，就发生了隐私泄露。例如，如下代码片段体现了污点传播过程。

```
loc = getCurrentLocation();              //将 loc 标记为被污染
str = String.format("...", loc);         //将污染标记传递给 str
...
sendHttpPOST(url, request);              //检查 request 是否被污染
```

7.2.2 TaintDroid 动态污点分析技术原理

TaintDroid[1]最早提出在 Android 平台使用动态污点分析技术来检测应用隐私泄露行为。TaintDroid 技术是系统级别的动态污点分析技术，因此不需要对应用程序做修改，并且应用程序内部以及应用程序之间的隐私数据传播都能被 TaintDroid 记录和追踪。TaintDroid 技术原理如图 7-2 所示。

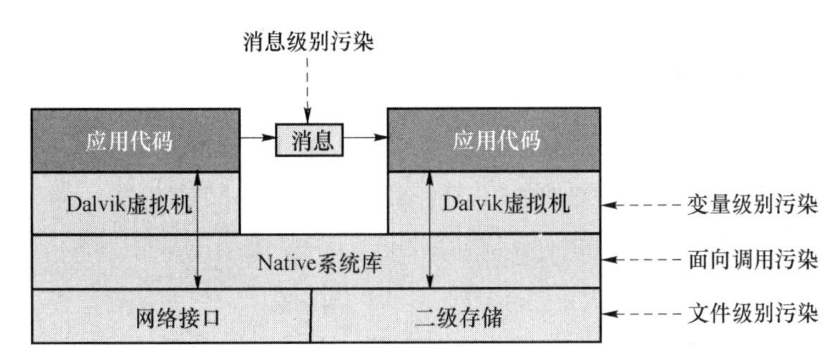

图 7-2　TaintDroid 技术原理

1. 污点标记和污点追踪

(1) 污染源(taint source)：移动设备中有很多的隐私数据源，包括传感器数据(位置、麦克风、相机、加速计等)，数据库信息(联系人、短信等)，以及设备标志(IMEI 和 IMSI)等。对这些隐私数据源进行标记之后，在程序运行的过程中 TaintDroid 会自动地传播这些标记。

(2) 污染泄漏点(taint sink)：TaintDroid 能够监控的污染泄漏点包括 WiFi、3G、蓝牙、短信和 NFC 等。

(3) 污点传播：如图 7-2 所示，TaintDroid 对污点传播的追踪有 4 个层次。

1) 在 Dalvik 虚拟机上是变量级别的污点传播。TaintDroid 通过修改 Dalvik 虚拟机来存储和传播变量的污染标记。它为每个变量多申请了一倍的空间来存储每个变量的污染标记。这样可以精确定位到每个对象是否被污染，但是会导致程序引用的内存增加一倍。在该级别的污点传播中，所有的赋值、参数传递和返回值都会传播污染。

2) Native 级别是面向调用的污染。由于 Native 模块无法修改指针长度，因此 TaintDroid 通过增加调用参数的方式来存储污染标记。例如，一个调用的参数有两个：arg0 和 arg1。TaintDroid 会给这个调用增加 3 个参数，第 3 个参数是输出参数，调用完成后 return 值的标记就放在这里，第 4 和第 5 个参数是输入参数，分别是 arg0 和 arg1 的污染标记。通过这种方式，在做完一次 Native 调用后就可以得到 return 值的污染标记。

3) 进程之间的交互是消息级别的污染，在消息中的所有数据都共享同一个污染标记。如果消息中存在被污染的数据，那么整个消息中的数据都会被污染。

4) 文件级别的污染是通过存储污染标记在 XATTR 扩展文件属性里面。如果文件中有被污染的数据，那么整个文件中的数据也都会被污染。

2. 开销和局限性

由于需要记录并追踪污染的传播，TaintDroid 的性能会受到影响。Java 代码的执行时间会有 14% 的时间开销，IPC 通信会有 27%的时间开销。除此之外，TaintDroid 还存在一定的局限性。TaintDroid 只追踪了数据流，而没有追踪控制流，因此对于某些依赖于控制流的隐私泄露，TaintDroid 就检测不到了。Golam 等人[2]研究了使用动态污点分析技术检测隐私泄露的局限性，列举了一些 TaintDroid 检测不到的情况。这些方法可以被恶意软件所利用，从而使得 TaintDroid 的检测失效。如图 7-3 所示，对于两种简单的控制流攻击算法（逐字符匹配，以及转换为整数再计数），TaintDroid 都不能检测出来。

算法1 字符匹配攻击

```
X_Tainted ←Read(Private Data)
for each x ∈ X_Tainted do
    for each symbol ∈ AsciiTable do
        if symbol = x then
            // '+' indicate string concatenation
            Y_Untainted ← Y_Untainted + symbol
        end if
    end for
end for
NetworkTransfer(Y_Untainted)
```

算法2 计数攻击

```
X_Tainted ← Read(Private Data)
for each x ∈ X_Tainted do
    x_i ← CharToInt(x)
    y ← 0
    for c=0 → x_i do
        y ← y+1
    end for
    Y_Untainted ← Y_Untainted + IntToChar(y)
end for
NetworkTransfer(Y_Untainted)
```

图 7-3 TaintDroid 的局限性示例—控制流攻击算法[2]

3. TaintDroid 的应用和优化

TaintDroid 被当做一个分析框架被后续研究广泛使用。MockDroid[3]，TISSA[4]，AppFence[5]等人都是基于 TaintDroid 实现的安全和隐私保护机制，后续也有一些研究工作在 TaintDroid 的基础上进行改进。Gilbert 等人[6]在 TaintDroid 的基础上加上了控制流分析，从而可以跟踪隐式的隐私数据泄露，但同时也增加了性能开销。D2Taint[7]能够追踪移动设备内部（联系人、位置信息等）和外部的多种隐私数据（网银账号等），并提出了一种动态的隐私数据源标记策略。VetDroid[8]使用了基于权限的动态污点分析技术。通过追踪与权限相关的应用行为，VetDroid 可以得到应用程序如何使用权限来获取敏感的系统资源，以及这些敏感资源是如何被应用程序所使用的信息。VetDroid 中定义了两种不同的权限使用点：显式的权限使用点（E-PUP）和隐式的权限使用点（I-PUP）。在资源请求阶段，应用程序会调用 Android API 来请求由权限保护的系统资源，这个调用点就是显式的权限使用点。在调用的时候，系统会对应用程序的权限做检查。在应用程序获得由相应权限保护的资源之后，应用程序内部对这些资源的使用是隐式的权限使用点。在每个 EPUP 的资源传输点，VetDroid 都会将传输的数据标记污染。比如在调用回调函数的时候会将相关的数据标记污染，E-PUP 对应的 API 的返回值被标记污染等。在 VetDroid 中 I-PUP 的粒度是函数级的，即若函数中参数的值有被标记污染，那么该函数就被认为是 I-PUP。VetDroid 中污染标记的存储和传播都是基于 TaintDroid 来做的。通过记录所有的 E-PUP、I-PUP 以及它们之间的关系，VetDroid 可以构造应用对敏感权限的使用行为，并为每个权限生成一个权限使用图。通过分析这些与敏感资源相关的权限使用情况，VetDroid 就可以检测恶意行为。实验结果表明，VetDroid 能够检测出比 TaintDroid 更多的隐私泄露行为。

7.2.3　沙箱工具的使用

由于 TaintDroid 是系统级别的动态污点分析技术，需要对 ROM 进行修改并刷机使用，因此使用起来较为烦琐且开销较大。感兴趣的读者可以访问网址 http://www.appanalysis.org/，下载和安装 TaintDroid 进行测试。

本节介绍另一个动态信息流追踪工具 Droidbox 的使用，它是基于 TaintDroid 构建的沙盒，加入了更多敏感 API 的监控，如加密函数调用、服务启动行为等。读者可以在该工具的基础上搭建自己的动态分析框架。

1. Droidbox 简介

DroidBox 是一款安卓应用的动态分析工具。这款工具可以获得应用的网络通信数据、文件读写操作、信息泄露、调用 Android API 进行的加密操作等各种信息。由于功能全面，时常用于恶意与病毒应用的监控和分析过程中。

2. Droidbox 安装

首先要确保操作系统中完整安装了 Android SDK 及其相关工具，详细的下载及安装说明可见网址：https://github.com/pjlantz/droidbox。

3. Droidbox 使用

首先启动安卓虚拟机（AVD），随后在命令行中执行“./droidbox.sh ＜file.apk＞ ＜duration in secs (optional)＞”命令，其中“＜duration in secs (optional)＞”为应用的分析时间，以秒为单位。运行过程如图 7-4 所示。

```
!./droidbox.sh /root/work/apk/DroidBox_4.1.1/APK/FakeBanker.apk

 ____                               __  ____
/\  _`\               __           /\ \/\  _`\
\ \ \/\ \  _ __  ___ /\_\    \_\ \ \ \L\ \    ___   __  _
 \ \ \ \ \/\`'__\ __`\/\ \  /'_` \ \  _ <' / __`\/\ \/'\
  \ \ \_\ \ \ \/\ \L\ \ \ \/\ \L\ \ \ \L\ \/\ \L\ \/>  </
   \ \____/\ \_\ \____/\ \_\ \___,_\ \____/ \____//\_/\_\
    \/___/  \/_/\/___/  \/_/\/__,_ /\/___/ \/___/ \//\/_/
Waiting for the device...
Installing the application /root/work/apk/DroidBox_4.1.1/APK/FakeBanker.apk...
Running the component com.gmail.xpack/com.gmail.xpack.MainActivity...
Starting the activity com.gmail.xpack.MainActivity...
Application started
Analyzing the application during infinite time seconds...
```

图 7-4　DroidBox 运行过程

运行结束后，DroidBox 将对应用的各类信息进行输出，如图 7-5 所示。

7.2.4　反沙箱技术和反—反沙箱技术

由于沙箱测试能够准确触发恶意应用的行为，因此很多恶意应用为了隐藏恶意行为，采用各种反沙箱技术来检测沙箱运行环境，从而避免被动态分析检测。常用的反沙箱技术手段包括以下几种：

（1）检查系统参数（版本、型号等）；

（2）检查特定 package 是否存在；

（3）检测 API 返回值；

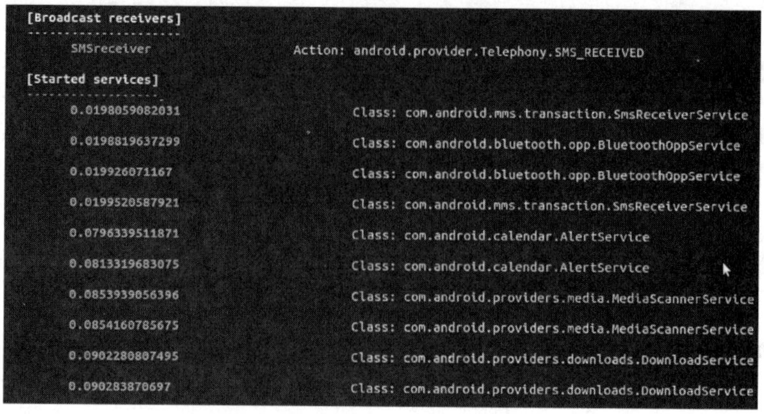

```
[Broadcast receivers]
---------------------
      SMSreceiver                  Action: android.provider.Telephony.SMS_RECEIVED
[Started services]
------------------
      0.0198059082031              Class: com.android.mms.transaction.SmsReceiverService
      0.0198819637299              Class: com.android.bluetooth.opp.BluetoothOppService
      0.019926071167               Class: com.android.bluetooth.opp.BluetoothOppService
      0.0199520587921              Class: com.android.mms.transaction.SmsReceiverService
      0.0796339511871              Class: com.android.calendar.AlertService
      0.0813319683075              Class: com.android.calendar.AlertService
      0.0853939056396              Class: com.android.providers.media.MediaScannerService
      0.0854160785675              Class: com.android.providers.media.MediaScannerService
      0.0902280807495              Class: com.android.providers.downloads.DownloadService
      0.090283870697               Class: com.android.providers.downloads.DownloadService
```

图 7-5　DroidBox 输出结果

（4）分析用户数据(通讯录、照片等)；

（5）测试计算速度；

（6）只在特定情境下执行恶意行为。

为了对抗恶意应用中的反沙箱技术，目前也有很多研究工作关注于反—反沙箱技术，其技术主要包括两方面：一方面是检测应用是否包含沙箱检测的行为，即通过对比应用在沙箱和真实设备中的运行日志，判断应用是否在沙箱中采取不同的行为；另一方面是通过修改系统使得应用无法检测出沙箱环境，例如修改特定 API 的返回值，返回与真实设备类似的值等。因此，恶意应用开发者与安全研究人员在不断地进行攻防较量。然而，一般来说，攻击相对容易，保护则相对复杂。

7.3　移动应用自动化测试技术

移动应用是交互式的，即大部分应用的敏感行为需要在交互过程中才能够触发。而人工测试应用费时费力，因此，动态沙箱系统需要与自动化测试技术相结合才能触发并且检测到应用的恶意行为。

移动应用自动化测试的目标是尽可能提升代码的覆盖率。在软件测试中，常用的代码覆盖率指标包括：(1) 代码行覆盖率，即已经被执行到的语句占总可执行语句的百分比；(2) 分支覆盖率，用于度量程序中每一个判定的分支是否都被测试到；(3) 条件覆盖率，指的是判定中每个条件的可能取值至少满足一次的比例，但注意条件覆盖未必能覆盖全部分支。在移动应用测试中，常常以能够触发的敏感行为次数及能够触发的应用 UI 界面数等作为自动化测试度量的指标。

移动应用的自动化测试技术主要包括白盒测试和黑盒测试。

7.3.1　白盒测试

白盒测试即已知应用的源码，则可以通过分析代码中的分支条件，构造输入组合进行测试。白盒测试的理论基础是符号执行技术。白盒测试示例如图 7-6 所示，假设我们的测试目标是函数 func2。假设需要构造的输入为 $x=x'$，$y=y'$，首先分析 func2 的可达路径：$x'>y'$， z= y′ * 2，！(x′<= z)，x′> z * 2。为了构造能够满足该路径的输入，利用可满足性模理论求解器(SMT Solver)求解上述条件，得出一个解：x′=1，y′=0，这样可以以该解作为测试输入。

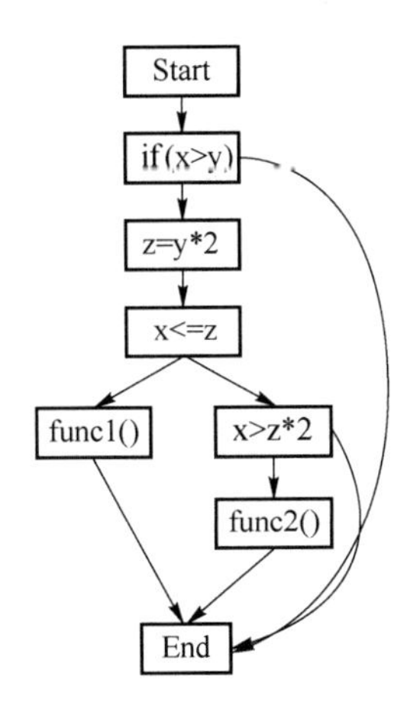

图 7-6 白盒测试示例

在移动应用测试中，利用白盒测试可以根据恶意应用的代码生成针对性的输入。很多恶意应用具有一定的触发条件逻辑，如下代码所示的两种触发条件逻辑。

触发条件逻辑 1：if (time. hour > 23 || time. hour < 5)

触发条件逻辑 2：if (getDeviceId() == "0123456789")

然而，在实际应用中，大部分恶意应用被混淆，分析人员无法获取其代码。此外，Android 应用代码复杂，条件约束通常很难求解，并且也很难将求解结果对应到输入空间。Android 应用自动化测试的输入控件包括如下类型。

(1) UI 界面交互输入：包括屏幕坐标和交互类型(如 click，long click，swipe，draw 等类型)。

(2) 系统事件(Intent 和 Broadcast)：包括应用启动、屏幕旋转、手机重启等事件。

(3) 设备状态：包括 WiFi 链接状态、电量、文件、相册等。

(4) 应用间调用：包括跨应用链接和远程唤醒等。

7.3.2 黑盒测试

Android 应用黑盒测试主要包括两个步骤：(1) 获取界面控件(State Control)坐标；(2) 生成测试输入事件(Test Input Generation)。通过获取界面中控件坐标，基于坐标生成拖拽、触摸、点击等 UI 测试输入事件或者系统事件，以一定的遍历策略重复两个步骤，即可完成应用自动化测试。

1. 获取界面控件

Android 获取界面控件坐标的工具主要分为两种类型。一种是基于 Android 系统中的服务，获取当前界面中的控件信息，通过控件属性信息来计算控件坐标值，进而构造测试输入事件，测试代码和测试应用处于相互独立的进程。另一种是基于 Instrumentation[①]，一种具有跟踪应用及 Activity 生命周期的功能的系统类。通过 Java 反射机制，获取界面中的控件信息，

① https://developer. android. com/reference/android/app/Instrumentation. html

利用内部函数实现输入事件点击，测试代码和测试应用属于同一个进程。

Android 系统提供了四种控件坐标获取工具，分别为 Hierarchy Viewer[①]，UIautomator[②]，Accessibility Service[③] 和 Robotium[④]。前三者属于基于服务的，Robotium 属于基于 Instrumentation 的。四个工具各自的特征对比如表 7-1 所示。

表 7-1　Android 平台控件坐标获取工具对比

工具	Hierachy Viewer	UIautomator	Accessibility Service	Robotium
是否 Root	是	否	否	普通
是否需要签名	是	否	否	否
响应速度	10 s	4 s	1～2 s	1～2 s

Robotium 需要进行应用修改，针对每个被测应用生成测试代码，工作量较大，不适用于大规模应用测试。根据上述特征可以看到，Accessibility Service 响应速度更快，不需要 Root 权限。

对前三种工具更详细的介绍如下。

（1）Hierarchy Viewer

Hierarchy Viewer 是一款 Android UI 布局的动态调试优化工具。这款工具可以获得应用的 UI 控件布局信息和每个控件的性能信息等。Hierarchy Viewer 集成于 Android SDK 中。对于旧版本 SDK 而言，可以通过本地安装 SDK 目录“-> sdk -> tools”目录中的 hierarchyviewer 直接启动；在最新版本中，可以通过 SDK 工具中的 Android Device Monitor 启动，具体方式如图 7-7 所示。

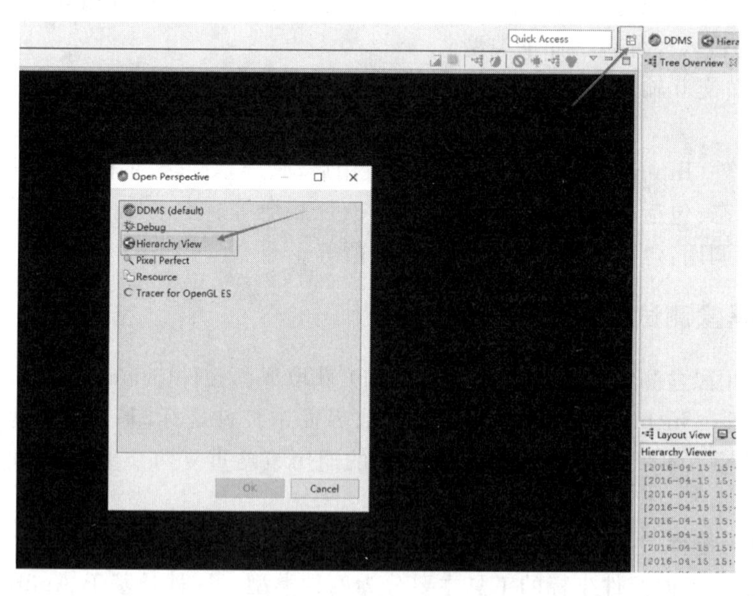

图 7-7　Hierarchy Viewer 在 Android Device Monitor 中的启动方式

① https://developer.android.com/studio/profile/hierarchy-viewer

② https://developer.android.com/training/testing/ui-automator

③ https://developer.android.com/reference/android/accessibilityservice/AccessibilityService

④ https://github.com/RobotiumTech/robotium

启动 Hierarchy Viewer 后，工具将向我们展示当前移动终端界面的 UI 布局信息，以控件树的形式展现给我们，如图 7-8 所示。

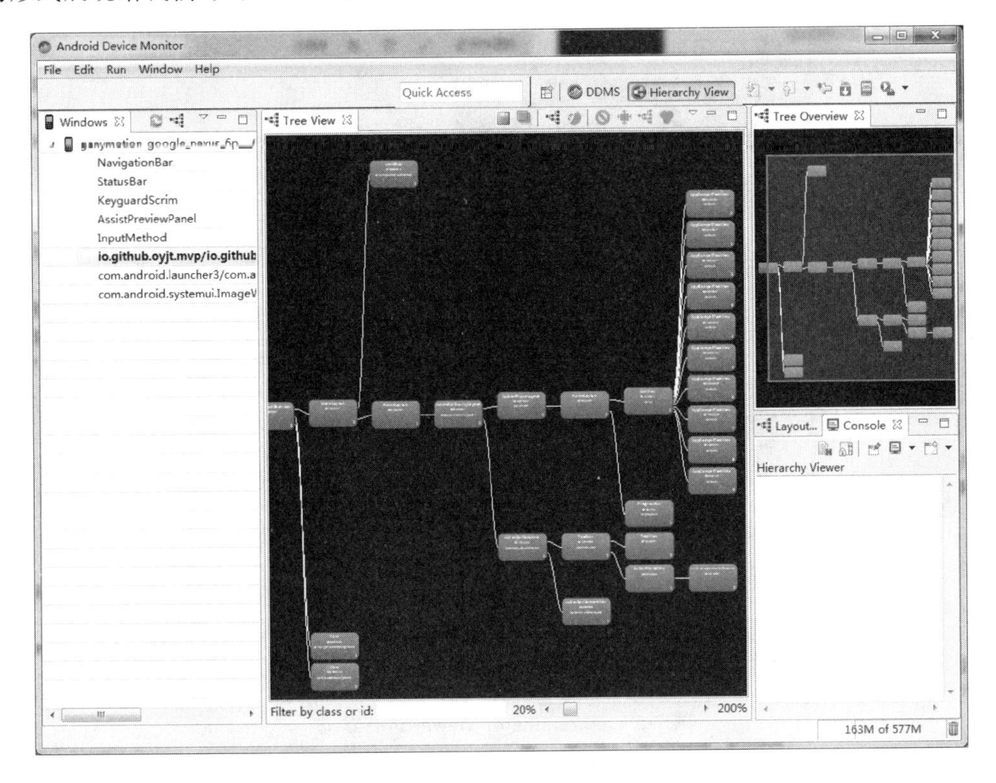

图 7-8　Hierarchy Viewer 中的控件树

单击控件树中的单个控件，可以查看每个控件的详细信息，包括控件的资源信息和性能信息等。这些控件信息可以被用于产生针对这些控件的测试事件。

(2) UIautomator

UIautomator 是一款针对 UI 控件安卓应用动态测试框架。该框架提供了一系列 API 用于编写 UI 测试脚本与安卓应用进行动态交互，可以完成的操作包括启动应用、开启设置菜单等。UIautomator 非常适用于在无源码的情况下对应用的自动化黑盒测试。

UIautomator 需要配合 UIautomator viewer 使用。其中，UIautomator 工具以 API 库的形式使用，支持 Java、Python 等多种语言。以 Python 为例，在 Python 开发环境下，安装 pip 后可通过执行命令"pip install uiautomator"直接调用其 API。UIautomator viewer 已集成在 Android SDK 中，可直接使用。

以 Python 为例，在自动化脚本的开始处声明要使用的 Uiautomator 库。

```
from uiautomator import Device
```

随后初始化动态测试中使用的移动设备(也可以是安卓虚拟机 AVD)：

```
d = Device('[Your Device Serial Number]')
```

其中"[Your Device Serial Number]"是设备的序列号，可以通过命令行中执行"adb devices"获取。

这样，就可以通过代码执行一些简单的交互动作，如点亮屏幕：

```
d.screen.on()
```

接下来，可以结合 UIautomator viewer 对应用的控件进行测试。

启动 UIautomator viewer，其运行状态如图 7-9 所示。

图 7-9　UIautomator viewer 运行状态

通过 UIautomator viewer，可以获得设备当前页面的控件树信息、控件之间的关系，控件的文本属性、横纵坐标以及是否可点击、可滑动等信息。

结合以上信息，可以使用 UIautomator 的 API 对某一特定控件进行操作，如点击控件：

```
d.click(x, y)
```

这样就完成了对应用的某一控件的动态遍历。

UIautomator 还支持滑动、长按、获取设备当前状态等各种功能。

(3) Accessibility Service

Accessibility Service(辅助功能)是安卓系统提供的一种服务，其设计初衷在于帮助残障用户使用 Android 设备和应用，在后台运行，可以监听用户界面的一些状态转换，如页面切换、焦点改变、通知、Toast 等，并在触发 AccessibilityEvents 时由系统接收回调。由于它强大的功能和使用的便捷性，经常在 Android 自动化测试中获取控件信息时使用。

Accessibility Service 在安卓系统中继承 Service 类，在 Android Studio 里可直接调用。

Accessibility Service 的使用如下。

① 继承 Accessibility Service，创建自定义辅助功能服务类，并创建接收到系统发送 AccessibilityEvent 时的回调 onAccessibilityEvent。

② 作为 Service 的一种，使用 Accessibility Service 也同样需要在 AndroidManifest. xml 中进行注册，如图 7-10 所示。

③ 编写测试用例。

Accessibility Service 提供多种控件查找方式，如

findAccessibilityNodeInfosByViewId(viewId)：根据控件 ID 精确查找；

```
<service android:name=".MyAccessibilityService"
        android:permission="android.permission.BIND_ACCESSIBILITY_SERVICE">
    <intent-filter>
        <action android:name="android.accessibilityservice.AccessibilityService" />
    </intent-filter>
    . . .
</service>
```

图 7-10　注册 Accessibility Service

findAccessibilityNodeInfosByText(text)：根据文本信息模糊查找；

getRootNodeInfo()：获取控件树根节点，以便于遍历控件树。

提供多种交互形式，如

AccessibilityNodeInfo. ACTION_CLICK：点击控件；

performGlobalAction(GLOBAL_ACTION_NOTIFICATIONS)：获取通知栏；

dispatchGesture()：手势模拟。

④ Accessibility Service 在使用时，需要在设备中跳转到系统辅助功能页面，开启辅助功能服务。

2. 遍历策略和自动化测试方法

由于上述控件获取工具仅能够获取界面控件坐标，需要相应的点击事件驱动自动化测试，而不同的测试场景下，需要不同的遍历策略来生成点击事件，因此，现有的很多研究都提出了不同的自动化测试方法和工具。

主流的 Android 平台自动化测试工具如表 7-2 所示。

表 7-2　Android 平台自动化测试工具

工具	设置		遍历策略	是否可编程
	系统	应用		
Monkey①	否	否	随机	否
AndroidRipper[9]	否	是	模型	否
DynoDroid[10]	是	是	随机	否
SwiftHand[11]	否	是	模型	否
PUMA[12]	否	是	模型	是
DroidBot[13]	否	否	模型	是
EvoDroid[14]	否	是	系统	否
ACTEve[15]	否	是	系统	否

Choudhary 团队[16]针对当前主流的自动化测试工具进行了全面的综述，从遍历策略上，将自动化测试工具分为随机(Random)、基于模型(Model-based)和系统遍历策略(Systematic Exploration Strategy)三类。其中，Monkey 与 DynoDroid 用随机遍历策略生成测试输入事件。然而，随机生成的输入事件无法记录遍历过的界面，无法保证遍历界面覆盖率，因而不适用于功能性测试，主要用于压力测试。AndroidRipper、SwiftHand、PUMA 和 DroidBot 用基

① https://developer.android.com/studio/test/monkey

于模型的遍历策略，通过构建基于用户界面的模型，系统性地生成测试输入事件来遍历应用。大多数用有限状态机(Finite State Machines)模型，Activity 界面作为状态，输入事件作为转移，使用广度优先遍历策略或者深度优先遍历策略来保证测试界面覆盖率。EvoDroid 和 ACTEve 用系统遍历策略，用更为复杂的方法如符号执行(Symbolic Execution)或者遗传算法(Evolutionary Algorithms)来遍历界面，但是其需要进行系统或者应用的配置。

除遍历策略外，系统、应用配置和是否可编程对应用场景的适用性也很重要。系统配置是指需要对系统进行修改或者刷机，用特定配置的系统进行测试，涉及测试机机型适配问题。应用配置是指需要对应用进行修改，如插桩，同样存在应用修改配置后是否可执行问题。是否可编程是指工具是否支持二次开发，加入新的遍历策略。现有的动态测试工具中，一部分需要系统设置，一部分需要应用源码，只有 Monkey 与 DroidBot 不需要进行设置。

下面对 Monkey 和 DroidBot 工具的原理和使用进行介绍。

(1) Monkey

Monkey 是 Google 提供的一款安卓应用的自动化测试工具。该工具会生成诸如点击、触摸、手势、系统级别事件等一系列伪随机交互事件流。在 Monkey 中，UI 输入会随机选取屏幕坐标和事件类型，系统输入会随机选取系统事件。Monkey 也可以用于对应用的压力测试，即随机生成大量事件，检验应用是否出现异常。

Monkey 的安装：Monkey 工具集成于 Android SDK 中，其目录位于“/sdk/tools/lib/monkey.jar”。因此，通过在命令行执行“adb shell monkey{+命令参数}”即可使用 Monkey 进行自动化测试。

Monkey 的使用：PC 连接虚拟机或测试设备后，在命令行中执行“adb shell monkey -p com.example.test 100”即可使用 Monkey，其中“-p com.example.test”指定了测试应用的包名，可以是一个或多个，若不指定，将允许测试设备中的所有移动应用。“100”指的是伪随机交互事件流中事件的数目。

(2) DroidBot

DroidBot 是一款由 Python 编写的轻量级安卓自动化测试框架。通常情况下，DroidBot 基于 Accessibility Service 进行控件信息的获取；在被测试应用本身不支持 Accessibility 时(如 Cocos2d、Unity3d 等引擎开发的游戏应用)，它将基于 opencv 技术进行测试。相对于传统的 Android 应用动态测试工具，DroidBot 具备以下四方面的优越性。

1) 无须修改操作系统或对应用进行插桩

为获得动态生成测试用例所需的信息，很多现有动态测试工具需要修改 Android 系统源码或对应用进行插桩。这两种方法均要求具备对待测试环境进行修改的权限，其中对应用进行插桩还需要应用不具备重打包检测，这和当今市场现状不符。因此，以上两种方法的适应性较差，不能较好地完成多种类、多环境、大规模的应用动态测试任务。

2) 基于实时建立的 GUI 模型生成测试用例，从而提高界面覆盖率

动态测试的关键是生成好的测试用例。目前常见的 Android 动态测试工具主要有随机生成(如 Monkey)和通过静态分析生成测试用例两种方案。其中随机生成的测试覆盖率上升速度较不理想；静态分析生成的测试用例中无效和重复用例比率较高，且无法覆盖应用动态生成的内容，如动态生成的菜单和界面等。DroidBot 在运行时，会根据发送的测试用例和已经到达过的界面动态生成一个 GUI 模型。这个 GUI 模型是一个有向图，其中点由各 Activity 状态组成，边则是由引起在这些 Activity 状态之间切换的 UI 事件组成，包括触摸、返回键、

HOME 键等。根据这个 GUI 模型，DroidBot 可以推断出能够导向未探索界面的测试用例。该方法可以大幅提升覆盖率的速度，使 DroidBot 能够在更短的时间内覆盖更多的待测界面或代码。

3）可针对特定界面定制测试用例

为保证对所有应用均具备良好适应性，DroidBot 支持对特定界面定制测试用例。例如，自动化工具很难通过登录界面和一些需要输入特殊字符串（如电话号码）的界面。为了解决这个问题，DroidBot 支持用户自定义的测试脚本。在遇到特殊界面后，会按照用户指定的顺序执行用户指定的操作，包括输入文本、点击特定区域、按照特定方向滑动等。

4）能够收集测试过程中的 UI 状态和相关代码

DroidBot 在运行过程中会自动记录应用的 UI 状态，包括截图和使用 UIautomator（或 Accessibility Service）获得的 UI 层次信息。UI 层次信息是结构化的 UI 信息，包含各 UI 组件的父子关系、监听函数状态、文本内容和其他属性。DroidBot 还会收集应用运行过程中触发的相关代码，这些代码记录了应用实际的动态行为。这些应用运行时的 UI 和代码信息是静态分析工具和其他传统动态分析工具所无法提供的。基于这些测试数据，可以对应用做进一步的分析，如运行时权限和 UI 的分析。

DroidBot 工具的安装和使用说明如下。

DroidBot 安装：首先要确保操作系统中正确安装了 Java、Python 环境（包括 pip）、Android SDK，详细的下载及安装说明可见网址：https://github.com/honeynet/droidbot。

DroidBot 使用：在命令行中执行命令“droidbot -a <path_to_apk> -o output_dir”即可使用 DroidBot 开始简单的自动化测试。DroidBot 也支持对测试参数的自定义，如遍历策略（随机、深度优先、广度优先）、测试事件数量、事件间隔时间等。其中测试事件包括按键、手势、Intent 等。

测试完成后，DroidBot 将会输出 UI 状态转移图（UTG），如图 7-11 所示，其中包含了应用测试过程中的每一个状态、状态之间的交互事件、Activity 覆盖率等信息，给自动化测试过程一个直观的展现。

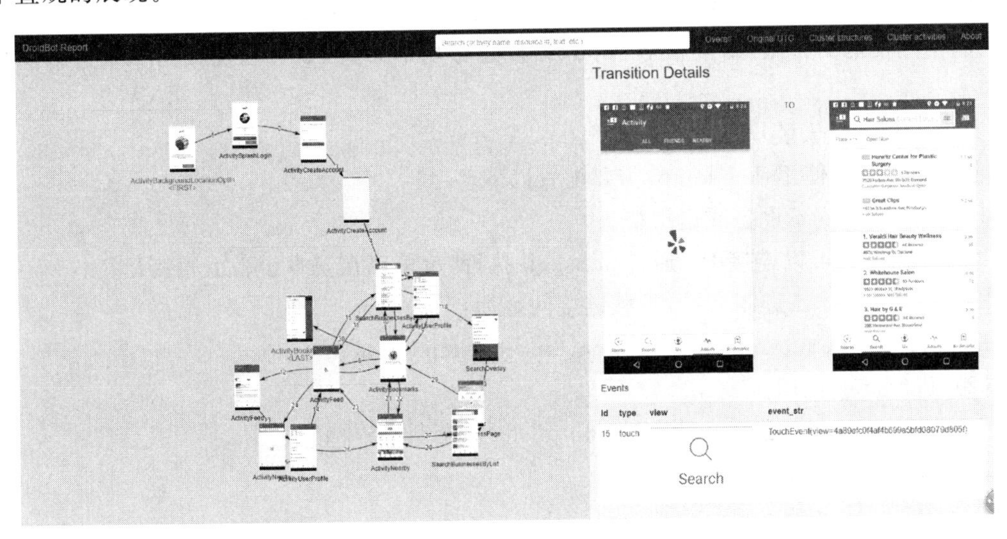

图 7-11 DroidBot 生成的 UI 状态转移图（UTG）

7.4 网络流量分析技术

在进行移动应用动态分析时，除了监控其敏感行为，也通常对其产生的网络流量进行分析。网络流量分析主要分为两个部分，即网络流量捕获和流量分析。当前针对网络流量捕获和分析的工具较多，并且相对成熟。表 7-3 展示三个常用 Android 应用流量捕获工具的对比分析结果。可以看到，Tcpdump 工具便捷性最佳，并且以通用格式 pcap 保存包文件，便于后续的分析。最重要的是，Tcpdump 支持批量抓包，通过命令行在移动端针对每个应用进行流量捕获，能够满足大规模应用分析的需求，因此 Tcpdump 经常被用于 Android 应用流量捕获。

表 7-3 Android 应用流量捕获工具对比

工具	Fiddler①	Charles②	Tcpdump③
便捷性	需要设置代理	需要设置代理	无须设置代理
部署环境	运行于 PC 端	运行于 PC 端	运行于移动端
包保存格式	saz(专用格式)	chls(专用格式)	pcap(通用格式)
是否支持批量抓包	不支持	不支持	支持

用 Tcpdump 进行流量包捕获，包保存格式为通用的 pcap 格式。网络流量分析框架 The Bro Network Security Monitor④ 经常被用于对 pcap 包的分析。Bro 框架集成了丰富的基础分析接口(如支持编写流量分析脚本)，提供了 HTTP 等多种协议分析接口，并且支持多种格式文件提取等。

下面对 Tcpdump 和 The Bro Network Security Monitor 工具的使用进行介绍。

1. Tcpdump 工具

Tcpdump 是一款跨平台的命令行式网络流量分析工具，它可以将网络中传送的数据包完全截获下来以供分析，并支持针对网络层、协议、主机、网络或端口的过滤。Tcpdump 以其功能强大、使用便捷的特点，常常用于 Android 动态分析中，对测试过程的网络流量进行监控和分析。

(1) Tcpdump 安装

在安卓系统中使用 Tcpdump，需要配置以下环境：

1) Root 过的安卓设备或虚拟机；

2) 终端程序，可以连接 PC 通过 adbshell 执行，也可以在安卓设备上直接运行；

3) Tcpdump 的二进制文件，下载链接网址为：

https://www.androidtcpdump.com/android-tcpdump/downloads

(2) Tcpdump 使用

1) 将 Tcpdump 二进制文件通过 adb push 传输到设备中；

---

① https://www.telerik.com/fiddler

② https://www.charlesproxy.com/

③ http://www.tcpdump.org

④ https://www.bro.org

2）通过 chmod 命令赋予 Tcpdump 二进制文件执行权限；

3）执行命令“/data/local/tcpdump -p -s 0 -w /sdcard/001. pcap”，命令停止后会在相应目录下生成 pcap 文件，我们可以通过 Wireshark 等协议分析工具查看安卓设备的网络流量详情。

2. The Bro Network Security Monitor(Bro)工具

Bro 是一款开源的网络流量分析工具与入侵检测工具(IDS)。Bro 包含一组日志文件，用于记录网络活动，如 HTTP 会话，包括 URI、密钥标头、MIME 类型、服务器响应、DNS 请求、SSL 证书、SMTP 会话等。此外，它提供了复杂的功能，用于分析和检测威胁，从 HTTP 会话中提取文件，进行复杂的恶意软件检测，软件漏洞检测，SSH 蛮力攻击检测和验证 SSL 证书链。在安卓自动化测试中，Bro 往往被用来自动化分析并提取 PCAP 包中的网络流量和文件。

Bro 安装：Bro 支持 Mac OS 和多种 Linux 操作系统，不同系统下的下载和安装方法详见网址：https://docs. zeek. org/en/stable/install/index. html。

Bro 使用：Bro 在使用过程中需要用到其特定语法编写的脚本，例如提取特定格式文件的脚本位于网址 https://www. zeek. org/manual/2. 5. 5/httpmonitor/index. html 的 file_extraction. bro 中。我们也可以自定义提取文件的格式，如 xml、json、apk 等。

在得到 Bro 脚本后，在命令行中执行“bro - r sample. pcap file_extraction. bro”命令即可得到网络流量和文件传输行为的分析结果，如图 7-12 所示。

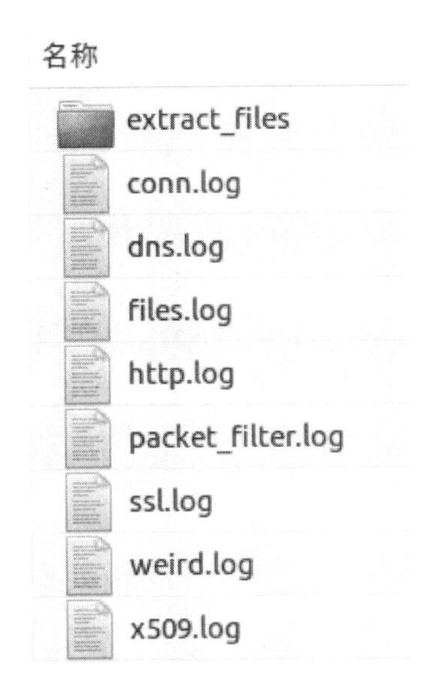

图 7-12　Bro 对 PCAP 流量包的分析结果

其中 http. log 包含了网络流量信息，ssl. log 包含了 SSL 证书信息，extract_files 文件夹中包含了网络流量中传输的文件。

7.5　本章小结

本章介绍了移动应用动态分析技术，主要包括动态沙箱技术和移动应用自动化测试技术。动态分析技术由于具有准确性高等特点，能够解决很多静态分析的问题。因此，在实际研究和应用中，动态分析技术经常与静态分析技术结合使用。读者可以组合使用本章中所介绍的工具，例如结合 Droidbox 和 Droitbot 组合构建一个移动应用动态分析引擎。

此外，移动应用自动化测试领域也是一个较为火热的研究方向，还有很多具有挑战的难题待解决。例如，很多 UI 界面无法使用自动化方法(如登录界面和解锁手势等)，自动化测试中很难自动构造文本输入，很多输入类型难以模拟(如传感器、文件、相机和麦克风等)，很多类型的应用界面难以分析(如游戏、网页应用、微信小程序等)。这些都是值得研究的方向。

本章参考文献

[1] Enck W, Gilbert P, Han S, et al. TaintDroid: an information-flow tracking system for realtime privacy monitoring on smartphones[J]. ACM Transactions on Computer Systems(TOCS), 2014, 32(2): 5.

[2] Babil G S, Mehani O, Boreli R, et al. On the effectiveness of dynamic taint analysis for protecting against private information leaks on Android-based devices[C]// 2013 International Conference on Security and Cryptography (SECRYPT). Reykjavik University,Iceland: IEEE, 2013: 1-8.

[3] Beresford A R, Rice A,Skehin N, et al. Mockdroid: trading privacy for application functionality on smartphones[C]// Proceedings of the 12th workshop on mobile computing systems and applications. Phoenix,Arizona: ACM, 2011: 49-54.

[4] Zhou Yajin, Zhang Xinwen, Jiang Xuxian, et al. Taming information-stealing smartphone applications (on android)[C]//International conference on Trust and trustworthy computing. Berlin: Springer, 2011: 93-107.

[5] Hornyack P, Han S, Jung J, et al. These aren't the droids you're looking for: retrofitting android to protect data from imperious applications[C]//Proceedings of the 18th ACM conference on Computer and communications security. Chicago,Illinois: ACM, 2011: 639-652.

[6] Gilbert P, Chun B G, Cox L P, et al. Vision: Automated Security Validation of Mobile Apps at App Markets[C]//Proceedings of the second international workshop on Mobile cloud computing and services. Bethesda,Maryland: ACM, 2011: 21-26.

[7] Gu Boxuan, Li Xinfeng, Li Gang, et al. D2Taint: Differentiated and dynamic information flow tracking on smartphones for numerous data sources[C]//Proceedings of the 32nd IEEE International Conference on Computer Communications. Turin,Italy: IEEE, 2013: 791-99.

[8] Zhang Yuan, Yang Min, Xu Bingquan, et al. Vetting Undesirable Behaviors in Android Apps with Permission Use Analysis[C]//Proceedings of the 2013 ACM SIGSAC Conference on Computer and Communications Security. Berlin,Germany: ACM, 2013: 611-622.

[9] Amalfitano D, Fasolino A, Tramontana P, et al. MobiGUITAR -- A Tool for Automated Model-Based Testing of Mobile Apps[J]. IEEE Software, 2014, 32(5):1.

[10] Machiry A, Tahiliani R, Naik M. Dynodroid: An input generation system for android apps[C]// Proceedings of the 2013 9th Joint Meeting on Foundations of Software

Engineering. Saint Petersburg, Russia: ACM, 2013: 224-234.

[11] Choi W, Necula G, Sen K. Guided GUI testing of android apps with minimal restart and approximate learning[C]// ACM Sigplan International Conference on Object Oriented Programming Systems Languages & Applications. Indianapolis, Indiana: ACM, 2013: 623-640.

[12] Hao Shuai, Liu Bin, Nath S, et al. PUMA: programmable UI-automation for large-scale dynamic analysis of mobile apps[C]// MobiSys '14 Proceedings of the 12th annual international conference on Mobile systems, applications, and services. Bretton Woods, New Hampshire: ACM, 2014: 204-217.

[13] Li Yuanchun, Yang Ziyue, Guo Yao, et al. DroidBot: a lightweight UI-guided test input generator for Android[C]// International Conference on Software Engineering Companion. Buenos Aires, Argentina: IEEE Press, 2017: 23-26.

[14] Mahmood R, Mirzaei N, Malek S. EvoDroid: segmented evolutionary testing of Android apps[C]// FSE 2014 Proceedings of the 22nd ACM SIGSOFT International Symposium on Foundations of Software Engineering. Hong Kong, China: ACM, 2014: 599-609.

[15] Anand S, Naik M, Harrold M J, et al. Automated concolic testing of smartphone apps[C]// ACM Sigsoft International Symposium on the Foundations of Software Engineering. Cary, North Carolina: ACM, 2012: 1-11.

[16] Choudhary S R, Gorla A, Orso A. Automated Test Input Generation for Android: Are We There Yet? (E)[C]// ASE '15 Proceedings of the 2015 30th IEEE/ACM International Conference on Automated Software Engineering. Lincoln, North California: IEEE Computer Society, 2015: 429-440.

第 8 章 移动广告安全分析

随着移动互联网的发展,移动应用广告规模也在不断地扩大。移动广告是免费应用获取收入的主要手段。根据艾媒咨询报告[1]数据,2016 年中国移动广告市场规模达 1 340.8 亿元,移动广告规模处于高位,并保持高速增长。移动应用广告作为大部分开发者主要收入来源,支撑着应用市场中大部分应用[2]的日常运营。然而,随着移动应用广告规模的不断扩大,相应的安全问题日益凸显。

开发者、广告商和广告平台作为移动广告生态系统中的重要组成部分,在移动广告传播的过程中均会引入不同级别的安全威胁,这些安全问题已经严重影响广告生态系统的平衡。

广告欺诈(Ad Fraud):为了谋取更多利益,开发者通常使用虚假点击或者欺诈用户获取非用户意愿的广告展示或者点击。这种行为会严重影响用户体验和广告平台的信誉。

恶意广告内容:广告商在广告平台中投放不恰当的广告,如色情、赌博和恶意链接及文件等,而广告平台没有进行严格审核,导致出现传播恶意广告内容的问题。

广告库带来的安全隐私问题:如前所述,一方面广告平台所提供的广告库可能存在设计缺陷和安全漏洞(例如虫洞漏洞),会给使用该广告库的应用带来安全威胁;另一方面,很多广告库具有过度收集用户隐私数据的行为,导致广告库存在隐私泄露、权限提升等安全问题。

首先,广告欺诈行为带来的影响最为严重。广告欺诈是指虚假或者恶意的广告点击以及展示骗取广告投放费用的行为[3],常见的广告欺诈手段包括利用机器人(程序)模拟点击,以及开发者诱导用户点击等。研究表明[4],由于广告欺诈导致的广告商经济损失每年超过数百亿美元。根据《广告反欺诈白皮书 2017》[5]报告显示,我国 2016 年全年广告流量中,超过 30%的流量为虚假无效流量,广告欺诈的行为愈演愈烈,给广告商带来了严重的经济损失。

其次,移动广告生态系统还面临恶意广告传播和广告库威胁等问题。

广告库安全威胁方面,根据 360 互联网安全中心发布的《2014 年 APP 广告插件安全研究报告》[6],所有其分析的广告库均存在安全漏洞、隐私泄露或权限滥用问题。恶意广告内容方面,相关研究[7]发现大量的恶意链接和文件通过移动应用广告内容进行传播。Rastogi 等对超过 600 000 个 Android 应用进行动态分析,从中提取广告访问等链接,结果表明近 100 万个请求中存在 2 423 个恶意链接和 706 个恶意下载应用。上述研究结果表明,随着移动应用广告规模的不断扩大,移动应用广告安全面临越来越多的安全问题,安全态势也日趋严峻。因此,移动应用广告生态系统安全需要更多的研究和关注。

在本章中,作者首先对移动广告的安全和隐私问题进行详细介绍,然后,针对广告欺诈问题,介绍一种结合静态分析与动态分析的新型广告欺诈检测方法,该方法是本书在前些章节所介绍技术的综合使用。

8.1　移动广告生态系统

8.1.1　移动应用广告类型

移动广告以广告库的形式集成在宿主应用中，在运行时获取和展示广告。从展示形式上，根据主流广告平台的分类规则，移动广告主要包括横幅广告（Banner）、插屏广告（Interstitial）、全屏广告（Full-screen）、信息流广告（Native In-feed）和视频广告（Video）等类型，每个类型的广告具有不同的特征，适用于不同的展示场景。图 8-1 展示了不同类型的广告示例。

(a) 横幅广告

(b) 插屏广告

(c) 全屏广告

图 8-1　移动应用广告类型示例

表 8-1 展示了五种主要的移动广告类型、广告特征以及广告对用户的影响。其中，横幅广告和原生信息流广告均嵌入应用界面中，不影响用户操作，适用于一般场景；插屏广告、全屏广告和视频广告在尺寸上有所区别，但均以独立的界面形式、弹窗显示在应用中，会中断用户操作，相对影响较大，适用于需要引起用户注意的场景。由于视频广告当前使用量较少，原生信息流广告则局限于几个较大用户量的应用，如今日头条、微博、百度等信息流应用中，故本章研究的广告主要包括横幅广告、插屏广告和全屏广告三类。

表 8-1　移动应用广告主要类型

广告类型	广告特征	用户影响
横幅广告	长方形条状广告，嵌入到应用界面布局中	对用户使用影响小
插屏广告	矩形广告，以独立的界面弹出在应用界面之上	中断用户操作
全屏广告	尺寸为全屏，其他同插屏广告	中断用户操作
原生信息流广告	应用于新闻、微博等信息流中	同应用内容一样
视频广告	播放视频形式，其他同插屏广告	中断用户操作

根据Cho等人的研究[8]，移动应用广告主要的计费方式有三种，即展示计费(Cost Per Mile,CPM)、点击计费(Cost Per Click,CPC)和行为计费(Cost Per Action ,CPA)。其中，展示计费是根据广告展示次数来计费，是最传统的一种计费方式，使用广泛，但是存在广告展示重放的缺点。点击计费则根据广告点击次数来计费，可以有效地防止展示重放，但是广告转化率较低。行为计费是根据用户特定的行为来计费，如用户注册、下订单等，这种方式较为精准，但是实现上比较复杂。

8.1.2 移动广告生态系统的安全问题

移动应用广告生态系统中包括开发者、广告平台、广告商和用户四个角色，其中前三者是广告的生产者，用户是广告内容的消费者。用户通过应用中的界面来消费广告，而应用中的广告界面由开发者、广告平台和广告商共同生产。在生产广告的过程中，三者分别引入安全问题。

图8-2展示了移动应用广告生态系统中安全问题产生的原理。可以看到，移动应用由宿主应用代码、广告库嵌入代码、广告库三部分构成。其中，广告库嵌入代码由开发者生成，其主要功能为调用广告库中的广告，控制广告在应用中显示的位置、方式和点击后的响应事件等广告行为；广告库由广告平台提供，其主要功能为提供广告请求和展示所需要的基本功能；用户看到的广告界面由广告库嵌入代码、广告库和请求得到的广告内容共同加载生成，广告内容由广告商向广告服务器投放。

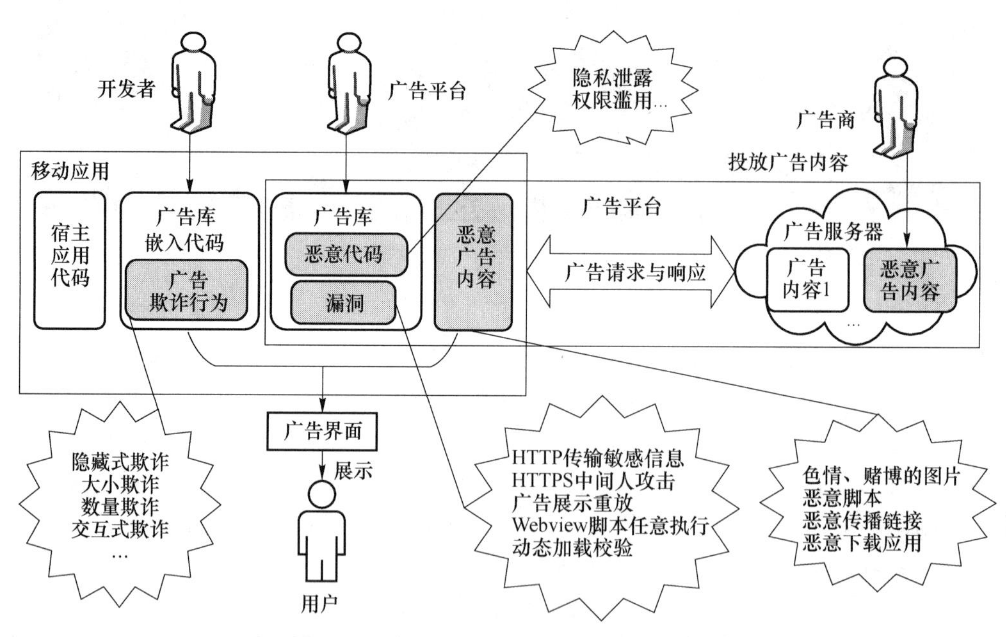

图8-2 移动应用广告生态系统安全问题产生原理图

从信息传递的角度来看，广告信息从开发者、广告平台和广告商三个源头，经过对应的广告库嵌入代码、广告库和广告内容三条路径，最后汇入广告界面中，展示给用户。广告信息在流通的三条路径中均产生了噪声，即我们研究的安全问题。其中，在开发者路径中，不良开发者通过在广告库的嵌入代码中植入广告欺诈代码，造成不同类型的广告欺诈行为；在广告商路径中，广告商通过广告平台投放色情图片、恶意脚本、恶意传播链接等广告内容，给用户带来安全风险;在广告平台路径中,不良广告平台在广告库中植入恶意代码,过度收集用户画像信息和隐私数据,并且通过宿主应用权限执行更为严重的恶意行为,造成隐私泄露和权限滥用等安全问题。此外,广告平台针对广告库的安全编码投入不足,存在如动态加载校验、Webview脚本任意执行等漏洞,严重影响了宿主应用安全。

本章根据安全问题产生的原因,将当前移动应用广告生态系统安全问题分为广告欺诈、恶意广告内容和广告库安全三类,如表8-2所示。

表8-2 移动应用广告生态系统安全问题

安全问题	产生者	产生原因
广告欺诈	开发者	不规范使用广告库,在宿主应用中植入广告欺诈代码
恶意广告内容	广告商	投放恶意广告内容
广告库安全	广告平台	在广告库中植入恶意代码,或者广告库中存在漏洞

8.2 移动广告生态系统的安全分析

在本节,作者整理当前移动广告生态系统安全分析研究现状,并从广告欺诈、恶意广告内容和广告库安全三个方面对主要的研究进行总结,如表8-3所示。

表8-3 移动广告生态系统安全分析领域的主要研究内容

广告欺诈	恶意广告内容	广告库安全		
		恶意代码		安全漏洞
		检测	防护	
Metwally等[9] SLEUTH[10] Alrwais等[11] Miller等[12] Springborn等[13] DECAF[3] Madfraud[14] ClickDroid[8]	MadTracer[15] Madscope[16] Zarras等[17] Son等[18] Rastogi等[7]	AdRisk[19] Pluto[20] Meng等[21] Taylor等[22]	AdSplit[23] AdDroid[24] FLEXDROID[25] LibCage[26]	王持恒等[27] 马凯等[28] Libscout[29] Derr等[30]

8.2.1 广告欺诈

由广告欺诈导致的广告商的经济损失每年达数百亿美元。广告欺诈行为由于直接对广告商造成经济损失,严重影响广告生态系统的发展,在安全问题中危害最严重。虚假流量(Fake Traffic)是最普遍的一种欺诈行为,根据广告计费方式不同,虚假流量欺诈又分为展示欺诈(Impression Fraud)和点击欺诈(Click Fraud)。虚假流量一般由开发者通过机器或者自动化程序等方式制造虚拟广告流量,骗取广告商的广告费用。有关广告欺诈的研究较多,根据广告欺诈研究的对象不同可以将之分为传统Web广告欺诈研究和面向移动应用的广告欺诈研究。

在传统Web广告欺诈研究中,Metwally等人提出一种SLEUTH[10]算法来检测广告欺诈中最常见的虚假流量欺诈。其指出，当前虚假流量大多由多个机器和资源模拟广告流量形成，检测虚假流量的关键在于从流量中识别机器的个数和使用的资源。因此，他们在流量中的IP、端口号、NAT 等特征值的基础上，设计 SLEUTH 算法来检测虚假流量。此外，Metwally 等人还针对一种更为复杂的共谋欺诈[9]行为进行深入研究，他们发现网站开发者之间存在的欺诈行为比单个开发者(Single-pubLisher)发起的欺诈更为复杂，流量特征不同。因此，其设计 Similarity-Seeker 算法来检测这种联合虚假流量欺诈。

Alrwais 等人[11]则针对 FBI 史上最大的网络犯罪广告欺诈幽灵点击(Ghost Click)进行深入研究和剖析。幽灵点击涉及一个广告欺诈组织，其通过四年时间非法获取 1 400 百万美元的收入，波及 400 万用户。幽灵点击欺诈通过 DNS 污染的方式感染用户主机，劫持网络中的广告点击来获取非法收入。Miller 等人[12]研究构造虚假流量的流量机器人软件(Clickbot)中使用的技术和原理，对基于“Fiesta”和“7cy.”两种流量机器人软件，进行软件逆向和协议分析等工作，分析当前流量机器人软件的工作原理，其使用的虚假流量逃逸检测技术以及根据不同地理位置构造广告虚假流量的方法。Springborn 等人[13]对广告展示欺诈类型的虚假流量进行研究，研究构造展示欺诈常用的方法，并且在真实的展示计费方式的广告平台中检测，发现展示计费方式极易受到展示欺诈的攻击，建议广告平台更换其他的计费方式。

随着移动广告的发展，广告欺诈行为逐渐转移到移动应用广告中。移动应用广告相对于传统 Web 广告，广告载体不同，开发者使用方式也更加复杂，因此，存在的广告欺诈类型更多。

Crussell 等人针对 Android 平台应用中的点击欺诈提出检测方法 Madfraud[14]。其通过捕获应用流量，分析其中的流量特征，构建分类方法来识别移动应用广告中的点击欺诈行为。Cho 等人构造移动应用点击欺诈工具 ClickDroid[8]，对八个主流的广告平台进行攻击分析，验证其是否存在点击欺诈风险。Liu 等人[3]针对移动应用中存在的另一种欺诈——静态放置型欺诈(Placement Fraud)，提出检测方法 DECAF，检测 Windows Phone 应用中存在的静态放置型欺诈。

Dong 等人[31,32]针对移动广告中的新型交互式欺诈行为进行检测。例如，开发者在用户交互过程中弹出广告，引诱用户点击广告，他们将这类欺诈行为定义为动态交互式欺诈(Dynamic Interactive Fraud)，并对其进行深入研究。图 8-3 为一个典型的动态交互式欺诈样例，右图用户点击退出应用(包名：com. android. yatree. taijiaomusic)后，广告控件突然弹出，并覆盖在交互框上，大约有九成的用户会因为想点击退出按钮而误点广告。

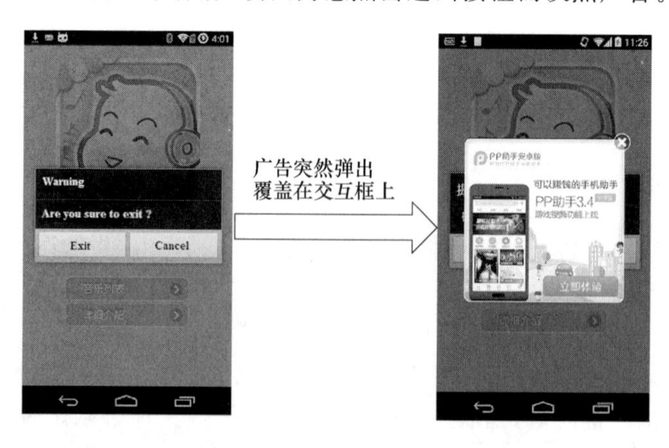

图 8-3　动态交互式欺诈典型样例

8.2.2　恶意广告内容

从表 8-3 可以看到，也有一些研究关注于广告内容安全相关问题。与广告欺诈研究类似，恶意广告内容研究同样分为传统 Web 恶意广告内容研究和移动应用的恶意广告内容研究两种。

传统 Web 恶意广告内容研究方面，Li 等人[15]针对当前广告平台中广泛存在恶意广告的现状，提出基于网络流量分析的恶意广告检测工具。该工具通过建立广告传播拓扑结构图（Ad Delivery Topology），以传播过程中的角色为节点，传播 URL 为路径，通过拓扑中的域名信息以及节点之间的距离来区分恶意广告传播拓扑和正常广告传播拓扑，从而检测 Web 广告中的恶意广告。Zarras 等人[17]同样通过网络流量分析的方法来检测 Web 广告中存在的恶意内容，其通过网络爬虫来爬取广告流量，随后用网页代码检测器、恶意域名黑名单和第三方病毒引擎来检测广告流量中是否存在恶意广告的内容。

移动应用恶意广告内容研究方面，Nath 等人[16]针对移动应用广告内容的推荐机制进行深入研究，提出采用研究工具 MadScope 来研究广告平台，用来构建用户画像的信息以及这些信息如何用于广告内容推荐。Son 等人[18]发现由于移动应用广告与宿主应用共享权限，广告中脚本代码存在窃取用户隐私的可能性，并对此进行实验验证，提出针对窃取隐私恶意脚本的检测方法。Rastogi 等人[7]发现移动应用中包含的链接和广告容易传播恶意内容的现象，提出针对链接和广告传播的内容（主要为 URL 和下载的文件）安全检测的方法，从应用自动化测试过程中提取链接和广告传播的内容，通过第三方病毒引擎扫描来发现其中的恶意传播内容。

8.2.3　广告库安全研究现状

广告库安全问题的研究主要分为恶意行为分析和漏洞检测两个方面。广告库中常见的恶意行为主要为过度收集用户信息造成的用户隐私泄露以及广告库的权限提升问题。当前，针对该问题的研究工作较多，分别从检测和安全防护/优化两个角度来解决该问题。

广告库的隐私泄露检测方面，AdRisk[19]提出基于敏感 API 和控制流图的检测方法，针对移动应用中由广告库导致的隐私泄露问题进行检测。AdRisk 首先收集 Android 敏感 API 列表，包括读取通话记录、电话号码等。随后，结合控制流图的静态分析方法查看广告库中的敏感 API 是否进行网络上传操作，从而检测是否存在隐私泄露行为。其通过针对数万个 Android 应用的研究，结果表明，大部分广告库中存在泄露手机用户隐私数据的行为。Meng 等人[21]针对广告平台收集的用户画像信息和兴趣信息进行深入分析，研究被用于广告内容推荐的隐私信息。通过对 Admob 等主流的广告平台进行实验分析，发现大部分广告平台会通过广告库收集用户隐私信息，并且广告平台现有的保护机制不足以保护用户隐私信息。Demetriou 等人[20]发现广告库中的代码除了调用常见的敏感 API 获取隐私数据外，还可以通过四种途径调用受保护 API 获取更多的隐私数据：获取其他应用信息，通过权限继承获取账户等信息，访问宿主应用保存的文件以及监视并获取用户输入到应用中的信息。针对这四种隐私数据泄露问题，提出相应的检测工具 Pluto。Taylor 等人发现第三方库存在的一种新的第三方库的共谋隐私窃取现象，即一个第三方库被应用于同一个移动终端的多个应用中，第三方库通过继承不同宿主应用的权限来获取不同的隐私信息，最终获取更为全面的隐私信息。

通过实验验证了该现象的存在,并且给出了应对的建议。

在广告库隐私泄露防护方面,Shekhar 等人针对广告库与应用共享权限导致隐私泄露的现状,提出一种基于进程隔离的广告库与宿主应用隔离方法 AdSplit[23]。AdSplit 通过反编译广告应用,对应用进行权限隔离、进程隔离、广告进程生命周期管理和界面共享等重新设计。Pearce 等人针对广告库与应用共享权限导致隐私泄露的现状,提出基于 API 和权限重新设计的广告库与宿主应用隔离框架 AdDroid[24]的方法,AdDroid 在现有 Android 框架层上,重新设计了广告功能,通过统一的广告接口,实现广告库和宿主应用的权限隔离。Seo 等人[25]提出一种基于进程内堆栈监测(Inter-process Stack Inspection)的第三方库访问控制方法 FlexDroid。FlexDroid 不仅能对第三方库权限进行访问控制,而且能够监测应用中的隐私泄露行为,并且对行为作出响应。此外,其还支持 Java 本地调用接口(Java Native Interface, JNI)和动态加载机制的代码权限访问控制。Wang 等人发现现有的第三方库权限隔离方法均需要修改 Android 系统来完成,缺乏实用性,其提出一种基于沙箱的隔离方法 LibCage[26],不需要修改 Android 框架层和第三方库代码。LibCage 将第三方库分别映射到不同的文件控件中,并且支持 Java 反射机制和动态加载,对第三方库有很好的兼容性。

在广告库漏洞研究方面,Backes 等人提出一种基于官方库版本特征比对的第三方库识别工具 LibScout[29],识别应用中的第三方库及其版本。并且针对包含漏洞的第三方库版本进行识别,分析包含此版本的第三方库的应用的分布情况。Derr 等人[30]在 Backes 等人的研究基础上,针对大规模应用中的第三方库漏洞进行分析,通过识别应用中是否存在包含漏洞的第三方库版本来识别应用中是否包含漏洞。马凯等人[28]用动态污点分析、应用插桩等方法对常见的第三方库进行漏洞分析,发现包括广告库在内的众多第三方库中存在漏洞。王持恒等人[27]在广告库普遍存在隐私数据泄露和宿主应用权限共享的基础上,构建针对广告库漏洞的攻击方法。

接下来,针对移动广告生态中的广告欺诈行为,作者介绍由 Dong 等人提出的一种新型检测技术 FraudDroid[31],能够检测 9 类新型移动平台广告欺诈行为。

8.3 移动广告欺诈检测

8.3.1 移动广告欺诈分类

大部分广告平台都对广告库的使用发布了相应的规范要求。例如,全球移动广告市场份额最大的 Google Admob 广告平台发布了一系列的广告库使用规范[33]来引导开发者和广告商正确地使用广告库和投放广告。该规范包括内容政策(Content Policies)、行为政策(Behavioral Policies)、无效活动(Invalid Activity)、实现指南(Implementation Guidance)和特定广告格式的政策(Ad Format-specific Policies)五大部分,每一部分又有很多详细说明。

Dong 等人[31,32]以广告库使用规范和相关标准为依据,对现有的应用广告欺诈行为进行综合归类,如图 8-4 所示,总结出 9 类广告欺诈行为,每一类欺诈行为都有相应的规范依据,并且具有关键行为特征,如表 8-4 所示。

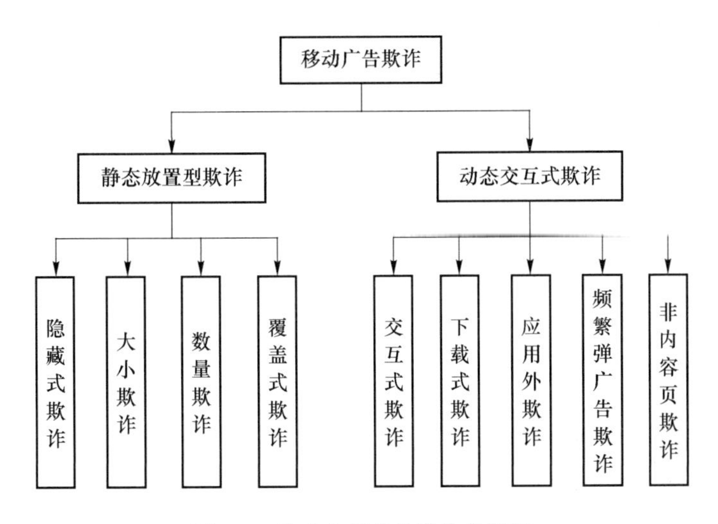

图 8-4　移动应用广告欺诈分类图

表 8-4　基于广告库使用规范的移动应用广告欺诈行为归类表

序号	欺诈名称	规范依据	关键行为
1	交互式(Interactive)	广告不应该放置在用户交互控件位置附近[33]	在用户交互过程中弹出广告
2	下载式(Drive-by download)	点击广告后无用户交互,直接下载文件是一种强制下载行为[34]	点击广告后无用户交互,直接下载文件
3	应用外(Outside)	广告不应该放置在宿主应用以外[33]	应用外弹广告
4	频繁弹广告(Frequent)	不应每个用户操作都触发广告,妨碍应用正常功能[33]	频繁弹广告
5	非内容页(Non-content)	广告不允许放置在非内容页中,例如启动、退出或者致谢页[33]	广告放置在非内容页中
6	隐藏式(hidden)	广告不应放置在靠近其他可点击控件区域[33]	广告放置在其他可点击控件下面
7	大小(size)	大部分广告平台给出了不同类型广告控件的尺寸建议[35]	广告太大或太小
8	数量(number)	展示在同一个页面中的广告数量不允许超过页面中的内容容量[36]	同一界面中广告数量过多
9	覆盖式(overlap)	广告不应放置在靠近其他可点击控件区域[33]	广告放置在其他可点击控件上面

1. 交互式欺诈(Interactive)

在用户与宿主应用交互过程中弹出广告,很容易由于交互惯性思维引起非意愿的广告点击。Google Admob 广告库使用规范规定,广告不应该放置在用户交互控件位置附近[33]。

2. 下载式欺诈(Drive-by Download)

与常见的机器人或者雇佣人工点击广告造成的虚假流量欺诈不同,下载式欺诈是指点击广告后,没有任何用户交互确认,直接下载应用或者文件。《移动智能终端恶意推送信息判定技术要求》标准中规定,点击广告后无用户交互,直接下载文件是一种强制下载行为[34]。此外,大部分的下载行为无法取消。这种强制下载行为消耗了用户的通信流量,严重影响了用户体验。

3. 应用外欺诈(Outside)

在宿主应用外弹广告。Google Admob 广告库使用规范规定,广告不应该放置在宿主应用以外[33]。应用外欺诈行为严重影响用户体验,多数应用外欺诈会在终端屏幕弹广告,遮挡住用户想要点击的其他应用图标,更为糟糕的是,多数应用外欺诈因找不到其宿主应用,频繁弹出而无法关闭。

4. 频繁弹广告欺诈(Frequent)

应用使用过程中,频繁触发广告,需要频繁地关闭广告,严重影响用户使用应用的正常功能。Google Admob 广告库使用规范规定,不应对每个用户操作都触发广告,妨碍应用正常功能[33]。频繁弹广告欺诈可以简单高效地增加用户点击广告的次数,使开发者收获更多的广告收入,但其严重影响了用户体验。

5. 非内容页欺诈(Non-content)

退出、启动或致谢等页面通常不会有与应用功能相关的内容,多是与应用业务功能无关的非内容页面。广告放置在这种非内容页面中,让用户误以为广告内容是应用中的内容。Google Admob 广告库使用规范规定,广告不允许放置在非内容页中,如启动、退出页[33]。

6. 隐藏式欺诈(Hidden)

广告隐藏在其他可点击控件下面。Google Admob 广告库使用规范规定,广告不应放置在靠近其他可点击控件的区域[33]。开发者将广告控件放置于其他控件下面,为用户营造一种"无广告"的假象,使得用户拥有更好的体验。然而,这种行为损害了广告商的利益,其投放的广告虽然展示在应用中,用户却看不到,没有起到宣传作用。

7. 大小欺诈(Size)

广告控件太大或者太小,难以阅读。大部分广告平台给出了不同类型广告控件的尺寸建议,例如,Admob 的横幅广告建议的尺寸为 320 dp×50 dp。尽管广告控件尺寸没有强制性的规定,但广告控件与屏幕的大小比率是一个相对稳定的值,使得广告控件适合用户观看。开发者设置较小尺寸的目的与隐藏式欺诈相同,营造一种"无广告"假象,而设置较大尺寸的广告则为了增加用户点击广告的概率。

8. 数量欺诈(Number)

一个页面中展示太多的广告控件。DoubleClick 广告库使用规范规定,展示在同一个页面中的广告数量不允许超过页面中应用内容容量[36]。在本章实际实验过程中,一般很少有一个页面中超过三个广告,因此,本章将广告数量限定为三个,一个页面中包含三个或以上广告控件将被认为是超过页面中展示的应用内容容量。

9. 覆盖式欺诈(Overlap)

广告控件覆盖在其他可点击控件之上。Google Admob 广告库使用规范规定,广告不应放置在靠近其他可点击控件的区域[33]。与隐藏式欺诈相反,覆盖式欺诈广告控件覆盖在其他可点击控件之上,从而使用户点击其他控件时不小心点击到广告控件,增加广告控件被点击的概率。

8.3.2 广告欺诈检测方法概述

为了检测上述 9 类广告欺诈行为,FraudDroid 使用一种基于动态界面转移图的新型广告欺诈检测方法,方法总体架构如图 8-5 所示。

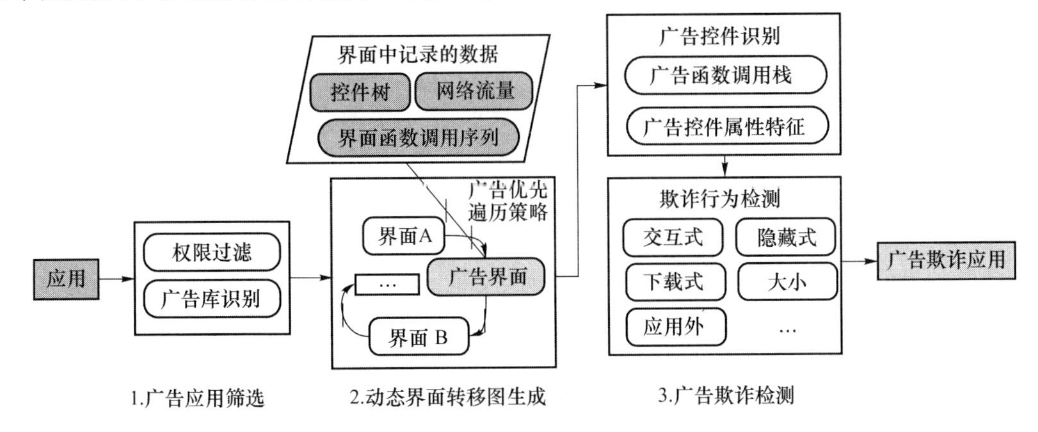

图 8-5　FraudDroid 广告欺诈检测方法架构图

如图 8-5 所示,基于动态界面转移图的新型广告欺诈检测方法分为三个部分:广告应用筛选、动态界面转移图生成和广告欺诈检测。首先,通过权限和广告库检测工具,从大规模的应用中筛选出包含广告库的应用;其次,使用广告优先遍历策略的自动化测试方法,自动化安装运行广告应用,生成动态界面转移图,每个界面中记录控件树、网络流量和界面函数调用序列;最后,根据广告函数调用栈和广告控件属性特征,从广告应用动态界面转移图中识别出广告控件。根据不同类型广告欺诈判定规则,判定识别出广告控件是否存在广告欺诈行为。

FraudDroid 使用权限筛选与广告库检测相结合的方法来筛选广告应用。一般来说,所有的广告库均需要具备两种权限。其中,android. permission. INTERNET 权限为广告库获取广告内容需要访问网络的权限;android. permission. ACCESS_NETWORK_STATE 为广告库查询当前网络状态,确认网络是否可以访问的权限。

FraudDroid 使用 LibRadar 工具进行广告库识别方面的知识,本书已经在第 4 章进行了详细介绍。与大多数第三方库使用方法一样,广告库嵌入到宿主应用中不会被修改。LibRadar 通过广告库包名粒度的聚类,识别出大量应用中的第三方库包名。根据常见广告库包名,挑选出包含广告库的应用。FraudDroid 将 LibRadar 应用于大量应用中,得到了 52 个广告平台的数据,表 8-5 列举部分广告平台及其对应的包名。

表 8-5　Android 平台广告库(部分)

广告库	包名	广告库	包名
Admob	com. google. ads	Jumptap	com. jumptap
Startapp	com. startapp	Youmi	net. youmi
feiwo	com. feiwo	waps	cn. waps
doodlemobile	com. doodlemobile	appbrain	com. appbrain
mobads	com. baidu. mobads	adwo	com. adwo. adsdk
vpon	com. vpon	inmobi	com. inmobi
domob	com. admob	mobwin	com. tencent. mobwin
adsmogo	com. adsmogo	adwhirl	com. adwhirl
dianjin	com. nd. dianjin	kuguo	com. kuguo. ad
apperhand	com. apperhand	fyber	com. fyber

8.3.3 动态界面转移图的生成

广告欺诈检测的核心思想是广告欺诈行为是移动应用运行过程中动态产生的，可以由运行界面以及界面间转移信息记录。因此，FraudDroid 用基于输入事件生成的 Android 自动化测试技术来生成被测应用的运行界面，并用动态界面转移图来记录广告行为。

然而，之前研究表明，对一个应用中所有的 UI 界面进行完整的遍历需要平均几个小时[3]，这样的效率无法满足大规模的应用广告欺诈检测需求。而在广告欺诈检测应用场景中，其中 90%的界面中不包含广告控件。研究表明，大部分广告控件主要在主界面和退出界面中出现[16]。因此，FraudDroid 提出用广告优先遍历策略的自动化测试技术来记录移动应用的运行过程。在自动化测试过程中，以控件树形式记录每个界面中的控件属性信息，同时记录界面中网络流量和函数调用序列，最后生成动态界面转移图(UI Transition Graph，UTG)。

1. 动态界面转移图

UTG 为一个有向图，由节点和边构成，记录了一个应用的整个自动化运行过程。每个节点代表应用运行过程中的界面，节点中间的有向边则代表导致界面跳转的事件。每个节点界面中以控件树形式记录了控件属性信息。此外，为了进行广告控件识别和欺诈行为检测，还记录了每个界面的函数调用序列信息和网络流量信息。每条边则记录了输入事件的类型，点击的位置以及跳转的源界面和目的界面。

FraudDroid 用广告优先遍历策略来生成 UTG。当移动应用启动后，FraudDroid 获取当前界面中的控件信息，根据广告优先遍历策略生成输入事件，输入事件导致界面状态跳转后，将新的界面与输入事件加入 UTG 中，循环执行直至应用退出，同时记录下来的 UTG 可以还原出应用自动化执行的整个过程。

FraudDroid 以键值对的数据结构记录控件属性信息以及输入事件，每个控件包含如控件类型、大小、边界等多条属性，表 8-6 展示控件属性及键值对中各字段的含义和详细描述。

表 8-6 控件属性信息与输入事件字段意义

控件属性信息		
字段名称	字段含义	详细描述
id	控件树中唯一编号	记录控件的序号
parent	父节点	控件的父节点 id
children	子节点	控件的子节点 id
resource_id	资源名称字符串	控件在系统中资源编号
text	控件中的字符串	控件中包含的文字
bounds	控件的边界坐标	控件在屏幕中的坐标值
class	类名	控件在系统中的类名
size	控件大小	控件的长宽值
输入事件		
Source state	源界面	界面转移的源界面
Destination state	目的界面	界面转移的目的界面
Action name	事件名称	输入事件的名称
class	控件类名	输入事件触发的控件类名

续 表

输入事件		
resource_id	资源字符串	触发控件系统资源编号
action_type	事件类型	触发事件的类型，如点击
Action content	事件内容	控件点击的坐标

图 8-6 展示了一个移动应用(胎教音乐大师)动态界面转移图示例。界面 1 由事件 1 触发，跳转到界面 2。界面 2 中记录了界面中的控件属性信息、界面函数调用序列和网络流量。其中，控件属性信息以树的结构记录，包括控件的类名、大小、边界、父节点编号和子节点编号等字段。图 8-7 中，根节点字段“parent”值为“null”，表示其为根节点；子节点字段“children”值为“1”，表示“id”为“1”的子节点为其子节点，通过节点字段方法还原出整个控件树。事件 2 中记录了输入事件的具体信息，通过字段值可知，通过“touch”点击控件“android. widget. Button”，界面 2 跳转到界面 3。

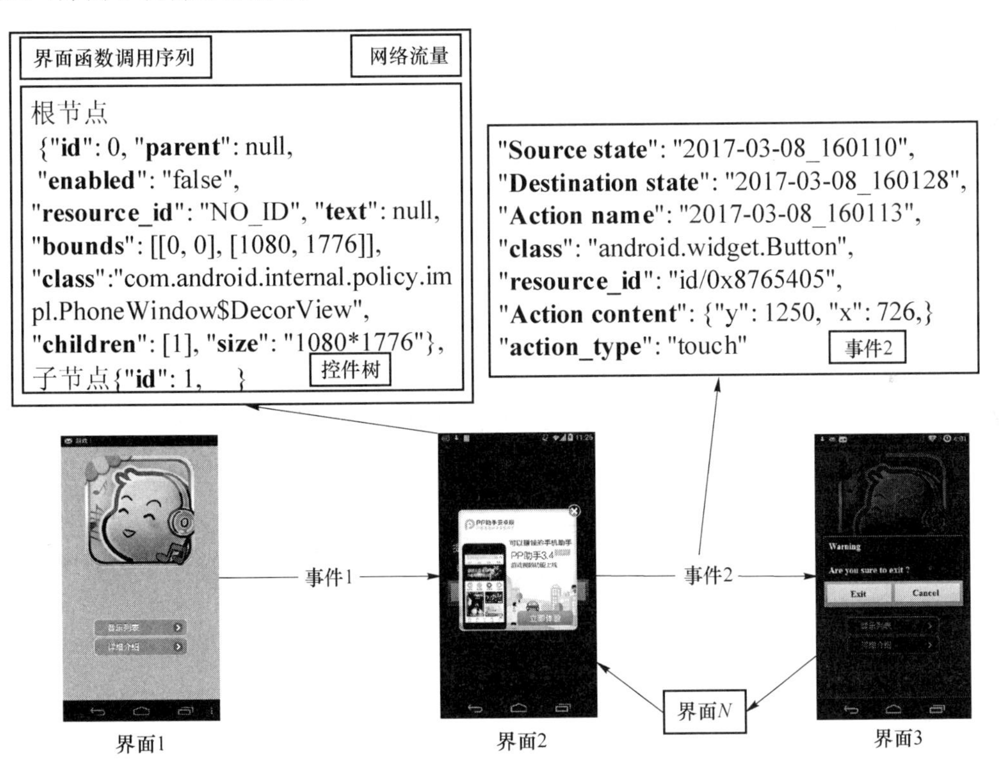

图 8-6　动态界面转移图(UTG)示例

此外，每个界面的函数调用序列也被记录下来，用于广告控件识别中。界面函数调用序列是界面在运行过程中所调用的所有函数的序列，其由一条一条按照时间顺序排列的函数调用记录构成，每条函数调用记录包括函数名、函数所在包名、参数类型、返回类型和源文件名称等信息。

图 8-7 为界面函数调用序列典型示例，其记录了界面 2 运行过程中加载的所有函数序列，从中可以发现存在广告函数调用栈，进而识别出广告界面。

此外，针对某些欺诈类型，如下载式欺诈，需要分析流量特征来共同确认是否存在此类型欺诈，因此，FraudDroid 用 Tcpdump 对移动应用运行过程中的网络流量进行记录。

```
*methods            包名 函数名;参数类型;返回类型;源文件名称
java/lang/Long  longValue; ();J;Long.java
java/lang/Long  toString;();Ljava/lang/String;Long.java
java/lang/Long  <init>;(J);V;Long.java
java/lang/Long  parse;(Ljava/lang/String;IIZ)J;Long.java
java/lang/Long  parseLong;(Ljava/lang/String;I)J;Long.java
```

图 8-7　界面函数调用序列示例

2. 广告优先遍历策略

如前所述，为了提升移动应用自动化测试的效率，FraudDroid 提出基于广告优先遍历策略的自动化测试方法，其核心思想是在自动化测试过程中，优先遍历主界面和退出界面中的广告控件，在最短的时间内遍历尽可能多的广告页面。

如图 8-8 所示为广告优先遍历策略遍历算法的示意图，其核心思想为结合广告控件属性特征的广度优先遍历策略。首先，自动化测试启动应用，可能进入三种界面，即教学界面、主界面和广告界面。通过界面中的 Activity 信息判断是否处于主界面中，如果处于其他两种界面，则通过构造输入事件，进入主界面。其次，获取主界面中的可点击控件，结合广告控件识别技术，识别出广告控件，并根据广告控件优先规则对控件排序，生成相应控件的输入事件。最后，依次触发输入事件，返回主界面，继续触发下一个输入事件，直至遍历完主界面中所有的控件，退出应用。

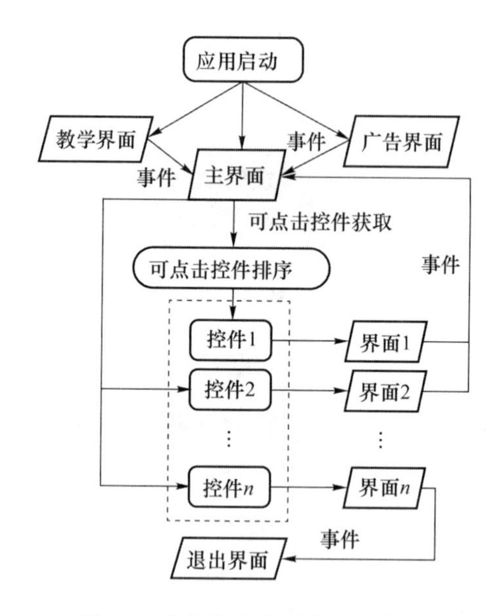

图 8-8　广告优先遍历策略示意图

由于大部分广告控件集中在主界面和退出界面，为了提高自动化测试的效率，本章将遍历深度设置为 1，即遍历完主界面中的可点击控件，随后遍历退出界面，完成测试。在后续的研究中，可以通过增加遍历深度来提高广告界面覆盖率。考虑到广告加载需要等待时间，本章设置输入事件的时间间隔为 5 秒。通过广告优先遍历策略，本章将应用自动化测试效率由平均每个几小时提高到平均每个 3 分钟，大大地提高了移动应用广告欺诈检测效率。

3. 控件树构建

每个界面中的控件以树的形式存在并记录下来，通过树的结构中节点编号的大小，可以判定广告控件与其他控件的空间堆叠关系，即 Z 轴的关系。这种空间关系对于静态放置型欺诈中的隐藏式欺诈和覆盖式欺诈非常重要，因此，广告欺诈检测需要还原构建控件树。如图 8-9 所示为一个广告界面控件树示例图。

控件属性信息包括控件的类名、大小、边界、父节点编号和子节点编号等。其中父节点编号和子节点编号值可以还原出整个控件树的结构。例如，图 8-9 界面中控件树总共包含 11 个控件节点，根据属性信息，还原出控件树如图 8-9 所示。总共有 2，9，10，11 四个叶子节点，其中叶子节点 2 为一个不可点击控件，可以忽略；叶子节点 10 为广告图片中的"立即体验"按钮；叶子节点 11 为"立即体验"文本控件；而叶子节点 9 类名"class"为"com. pop. is. ar"，是自开发类名，满足广告属性特征（见 8. 3. 4 节）中的字符串特征，大小"size"为"810 * 810"，边界值"bounds"为"[135，520]，[945，1330]"，在屏幕中央，满足广告属性特征中的放置特征，综合判定，控件 9 为广告控件。

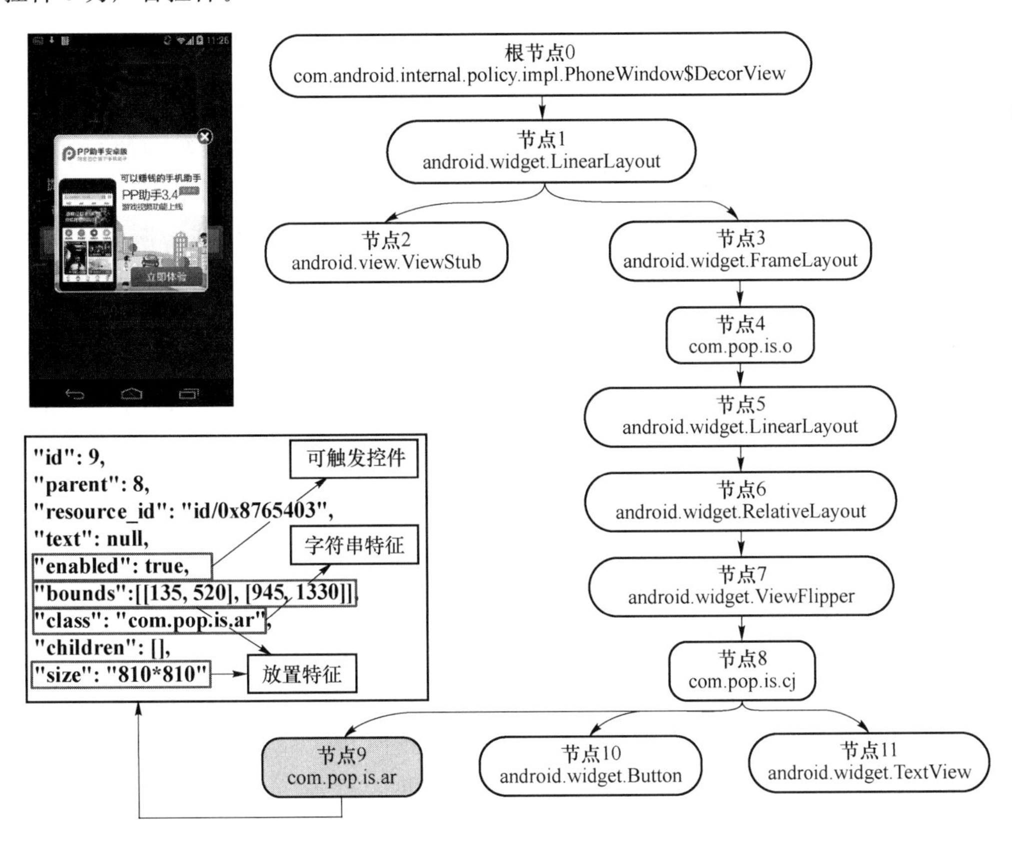

图 8-9 广告界面控件树示例图

8.3.4 广告欺诈检测

FraudDroid 根据上述生成的 UTG、界面函数调用序列和网络流量来进行自动化广告欺诈检测，其主要由广告控件识别和欺诈行为检测两个部分组成。

1. 基于广告函数调用栈的广告控件识别

Android 平台中的应用广告控件与系统控件相同，没有明显的类别标签信息来标识。因此,怎样从 UTG 的众多界面中识别广告控件成了一个挑战。由于所有的广告必须通过加载广告库函数才能在界面中显示,因此,FraudDroid 提出基于广告函数调用栈的广告控件识别技术。

图 8-10 展示了广告控件识别流程。这里将广告控件识别分为两步,第一步通过搜索每个界面函数调用序列中是否存在广告函数调用栈,从众多界面中识别出广告界面;第二步则根据字符串、类型和放置等方面的广告控件属性特征从广告界面控件树中识别广告控件。

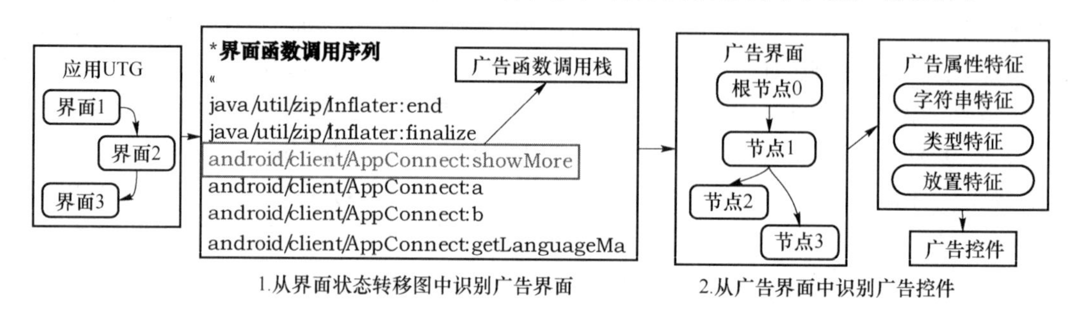

图 8-10　广告控件识别流程图

第一步识别广告界面,每个广告库均有自己的广告函数调用栈,通过一个或多个函数完成广告加载和展示的功能。本章通过静态分析的方法,将广告应用筛选阶段发现的 52 个广告平台对应的广告函数调用栈识别出来,并形成广告函数调用栈特征文件。例如,图 8-10 中为一个万普(Waps)广告平台的广告界面函数调用序列,其广告函数调用栈为“android/client/AppConnect:showMore”,即一个界面函数调用序列中如果存在此广告函数调用栈,此界面为万普广告界面。

第二步从广告界面中识别广告控件,本章基于大量的人工标记数据集,对比其中广告控件与非广告控件的属性特征,从字符串、类型和放置三个方面形成广告控件属性特征,如表 8-7 所示,具体描述如下。

(1) 字符串特征:研究发现,广告控件在“class”字符串属性值方面,与非广告控件有明显区别。Android 系统针对界面中的控件[37]提供了多种基础类型,如按钮、文本框等,其控件的“class”属性值为系统控件名称“android. widget. Button”和“android. widget. TextView”。然而,对 52 种广告平台发布的广告库进行静态分析后,发现部分广告平台的广告控件并非直接使用系统控件,而是在此基础上自行开发封装的控件,因此,其“class”属性值会不同于系统控件。此外,很多开发者会根据命名规则,在自行开发封装的广告控件“class”属性值中带有“ad”的提示字样,如“AdWebview”,“AdLayout”。因此,控件属性“class”属性值为非系统控件名称或者属性值中带“ad”提示,视为广告控件。需要注意的是,一些常见的字符串中也包含“ad”提示,如 shadow, gadget, load, adapter, adobe 等字符串,为避免引起误判,本章从 SCOWL5 数据字典[38]中采集包含“ad”单词,在使用字符串特征判定广告控件时,剔除这些单词。

(2) 类型特征:上文提到,部分广告控件使用自行开发封装控件,而剩下的部分广告控件则用系统控件实现。在本章标记数据集中,用系统控件实现的广告控件分为三种类型:“ImageView”、“WebView[39]”、“ViewFlipper”。因此,针对用系统控件实现的广告控件,本章用类型特征进行识别。

(3) 放置特征:广告控件在大小和位置方面的属性值与非广告控件不同,这里将该属性称之为放置特征。移动广告通常分为三种类型:横幅广告、插屏广告和全屏广告。很多广告库使用规范对大部分广告控件大小设置了大小建议，并且插屏广告和全屏广告均位于界面中央，而横幅广告则位于界面上端或者下端。根据控件的放置特征，即大小和位置属性值信息，可以区分广告控件和非广告控件。

表 8-7　广告控件属性特征(部分)

方面	属性字段	值
字符串	class	AdWebview, AdLayout, ad_container, fullscreenAdView, FullscreenAd, AdActivity, AppWallActivty, etc.
类型	Class	ImageView, WebView, ViewFliipper
放置	Size(Bounds)	620 * 800[Center], 320 * 50[Top or Bottom], 1776 * 1080[Full screen], etc.

结合上述的三个方面的广告控件属性特征，本章从广告界面的控件树中识别广告控件。首先，广告控件识别用字符串特征来匹配用自行开发封装的广告控件，类型特征用于匹配基于系统控件的广告控件；随后，通过放置特征来进一步确认匹配出的控件是否为广告控件。

2. 基于启发式规则的欺诈行为检测

欺诈行为检测在 9 类广告欺诈行为特征基础上，学习每一类典型样例，根据 UTG 中的信息，形成对应的启发式检测规则如下。

(1) 交互式欺诈

交互式欺诈行为常见于插屏广告中，其主要行为特征是插屏广告覆盖于对话框等交互控件上。Android 界面是以 Activity 为基础的，对话框和插屏广告属于不同的 Activity，因此，无法在同一个界面中记录广告控件和交互控件。欺诈行为检测需要同时检测广告界面和广告界面前后界面。如果广告界面前后界面中包含对话框，则说明广告控件覆盖于对话框上，属于交互式欺诈。

(2) 下载式欺诈

下载式欺诈通常会在没有用户交互的情况下下载一些推广应用软件，其中包括了不少恶意、色情等软件。欺诈检测通过以下条件来检测下载式欺诈行为。第一，界面中包含广告控件；第二，在广告界面点击广告后界面无下载交互对话框；第三，通过网络流量解析出下载文件行为。

(3) 应用外欺诈

欺诈检测首先获取宿主应用所有 Activity 的列表，随后检测广告界面的 Activity 是否属于 Activity 列表，不在 Activity 列表中的广告界面则为应用外弹广告，属于应用外欺诈。

(4) 频繁弹广告欺诈

欺诈检测检查宿主应用中的所有广告界面，一个应用中超过三个广告界面为频繁弹广告欺诈。为了避免相同的遍历路径导致相同的广告界面，相同 Activity 界面弹广告计为同一个广告界面。

(5) 非内容页欺诈

欺诈检测首先寻找应用 UTG 中的启动和退出界面，随后检测启动界面后一个界面与退出界面前一个页面中是否含有广告控件，如果有，即为非内容页欺诈。

(6) 隐藏式欺诈

广告控件隐藏在非广告控件下面为隐藏式欺诈，控件均处于同一个界面，因此，只需要检测广告界面中广告控件与其他控件的位置关系和空间关系即可。欺诈检测检查广告控件与非广告控件的大小和位置属性信息,确定控件间是否有重叠部分。如果有重叠,则通过控件树的层级关系,确定控件之间的空间关系,即广告控件是否在非广告控件之下。

(7) 大小欺诈

虽然广告控件大小没有一个固定的值,但是广告平台的广告库使用规范给出了每种广告控件的大小尺寸建议。通过对正常广告控件样本调查,发现大部分正常广告控件的大小与屏幕大小的比例相对稳定,从而使广告符合人眼的正常观看效果。在基于人工标记的数据集基础上,我们对横幅、插屏和全屏广告设定了其与屏幕大小的比率范围。其中,全屏广告比例范围为[0.9, 1],横幅广告为[0.004, 0.005],插屏广告为[0.2, 0.8]。超过此范围即为大小欺诈。

(8) 数量欺诈

我们设定同一个页面中展示广告的最大数量为2,即一个界面中包含三个或三个以上的广告控件即为数量欺诈。

(9) 覆盖式欺诈

覆盖式欺诈与隐藏式欺诈检测方法相同,检测广告控件与非广告控件在平面上是否有重叠,通过控件树的层级关系,确定控件之间的空间关系,广告控件在非广告控件之上即为覆盖式欺诈。

8.3.5 实验与结果分析

FraudDroid从12 000个Android应用样本中检测到有335款广告欺诈应用,约2.79%的抽检应用存在广告欺诈行为。本小节针对每一种广告欺诈类型进行典型案例分析,如图8-11所示。图8-11(1)中,应用(com.android.yatree.taijiaomusic)展示了交互式欺诈案例,界面中的广告控件在用户交互过程中突然弹出,覆盖在交互对话框上,让想要点击退出按钮的用户产生非意愿的广告点击。图8-11(2)中,应用(com.hongap.slider)展示了下载式欺诈案例,将左图中的广告点击后,无任何用户交互,直接下载应用样本,跳转到右图的应用安装界面。图8-11(3)中,应用(com.natsume.stone.android)展示了应用外欺诈,宿主应用退出后,广告控件弹出在主界面中。图8-11(4)中,应用(com.funappdev.passionatelovers.frames)展示了频繁欺诈案例,每一次用户操作,都会触发广告,严重影响了宿主应用的正常使用。图8-11(5)中,应用(cc.chess)展示了非内容页欺诈案例,广告控件弹出在退出界面之前,让用户误以为广告为宿主应用内容。图8-11(6)中,应用(forest.best.livewallpaper)展示了隐藏式欺诈案例,广告控件隐藏在邮件按钮下面。图8-11(7)中,应用(com.dodur.android.golf)展示了大小欺诈案例,广告控件太小,以至于无法看清广告内容。图8-11(8)中,应用(com.maomao.androidcrack)展示了数量欺诈案例,一个界面中包含了三个横幅广告。图8-11(9)中,应用(com.sysapk.wifibooster)展示了覆盖式欺诈案例,广告控件覆盖在按钮之上。

图 8-11　典型案例分析

8.4　本 章 小 结

本章介绍了移动广告平台存在的安全和隐私问题，并且以移动广告欺诈为例，介绍了广告欺诈检测系统 FraudDroid 的工作原理。FraudDroid 提出基于动态界面转移图的新型广告欺诈检测方法，用自动化测试生成的动态界面转移图来记录移动应用广告行为，将广告欺诈行为形式化为启发式规则，与广告行为匹配来检测应用中的广告欺诈行为。本章所讲述内容是之前章节分析技术的综合使用，希望读者在学习本章节时能够举一反三，灵活利用各种移动应用安全分析技术来解决实际问题。

本章参考文献

[1] 艾媒咨询. 2016-2017 年中国移动广告行业研究报告[EB/OL]. (2017-01-22)[2019-03-04]. www. iimedia. cn/47938. html.

[2] Viennot N , Garcia E , Nieh J . A measurement study of google play. [J]. ACM Sigmetrics Performance Evaluation Review, 2014, 42(1):221-233.

[3] Liu B, Nath S, Govindan R, et al. {DECAF}: Detecting and Characterizing Ad Fraud in Mobile Apps[C]// 11th {USENIX} Symposium on Networked Systems Design and Implementation ({NSDI} 14). Seattle: USENIX Association, 2014: 57-70.

[4] Tune. Mobile ad fraud: What 24 billion clicks on 700 ad networks reveal[EB/OL]. (2017-05-05)[2019-03-04]. www. tune. com/blog/mobile-ad-fraud-24-billion-clicks-

700-ad-networks-reveals/.

[5] AdMaster. 广告反欺诈白皮书 2017[EB/OL]. (2017-03-20)[2019-03-04]. www.admaster.com.cn/? c=downloads&a=view&id=102.

[6] 360 互联网安全中心. 2014 年 APP 广告插件安全研究报告[EB/OL]. (2014-10-24)[2019-03-04]. zt.360.cn/1101061855.php? dtid=1101061451&did=1101062801.

[7] Rastogi V, Shao R, Chen Y, et al. Are these Ads Safe: Detecting Hidden Attacks through the Mobile App-Web Interfaces[C]// Network and Distributed System Security Symposium (NDSS'16). San Diego, CA: Internet Society, 2016.

[8] Cho G, Cho J, Song Y, et al. An empirical study of click fraud in mobile advertising networks[C]// International Conference on Availability, Reliability and Security Toulouse: IEEE, 2015: 382-388.

[9] Metwally A, Agrawal D, El Abbadi A. Detectives: Detecting Coalition Hit Inflation Attacks in Advertising Networks Streams[C]// WWW '07 Proceedings of the 16th International Conference on World Wide Web. Banff, Alberta, Canada: ACM, 2007: 241-250.

[10] Metwally A, Emek C C I F, Agrawal D, et al. SLEUTH: Single-pubLisher Attack dEtection Using correlaTion Hunting[J]. Proc. VLDB Endow., 2008, 1(2): 1217-1228.

[11] Alrwais S A, Gerber A, Dunn C W, et al. Dissecting Ghost Clicks: Ad Fraud via Misdirected Human Clicks[C] // ACSAC '12 Proceedings of the 28th Annual Computer Security Applications Conference. Orlando, Florida: ACM, 2012: 21-30.

[12] Miller B, Pearce P, Grier C, et al. What's Clicking What? Techniques and Innovations of Today's Clickbots[C]// DIMVA '11 Proceedings of the 8th International Conference on Detection of Intrusions and Malware, and Vulnerability Assessment. Berlin, Heidelberg: Springer-Verlag, 2011: 164-183.

[13] Springborn K, Barford P. Impression fraud in online advertising via pay-per-view networks [C]//SEC'13 Proceedings of the 22nd USENIX conference on Security. : Washington, D.C. :USENIX Association Berkeley, 2013: 211-226.

[14] Crussell J, Stevens R, Chen H. Madfraud: Investigating ad fraud in android applications [C] // Proceedings of the 12th annual international conference on Mobile systems, applications, and services. Bretton Woods, New Hampshire, USA:ACM, 2014: 123-134.

[15] Li Z, Yu F, Yu F, et al. Knowing your enemy: understanding and detecting malicious web advertising[C] //CCS '12 Proceedings of the 2012 ACM conference on Computer and communications security. Raleigh, North Carolina, USA: ACM, 2012: 674-686.

[16] Nath S. Madscope: Characterizing mobile in-app targeted ads[C]//Proceedings of the 13th Annual International Conference on Mobile Systems, Applications, and Services. Florence: ACM, 2015: 59-73.

[17] Zarras A, Kapravelos A, Stringhini G, et al. The Dark Alleys of Madison Avenue: Understanding Malicious Advertisements[C]// IMC '14 Proceedings of the 2014 Conference on Internet Measurement Conference. Vancouver, BC, Canada: ACM,

2014：373-380.

[18] Son S，Kim D，Shmatikov V. What Mobile Ads Know About Mobile Users[C] // Network and Distributed System Security Symposium (NDSS'16). San Diego，CA：Internet Society，2016.

[19] Grace M C，Zhou W，Jiang X，et al. Unsafe exposure analysis of mobile in-app advertisements[C]// Proceedings of the fifth ACM conference on Security and Privacy in Wireless and Mobile Networks. Tucson，Arizona：ACM，2012：101-112.

[20] Demetriou S，Merrill W，Yang W，et al. Free for All! Assessing User Data Exposure to Advertising Libraries on Android. [C]// Network and Distributed System Security Symposium 2016 (NDSS 16') San Diego，CA：Internet Society，2016.

[21] Meng W，Ding R，Chung S P，et al. The Price of Free：Privacy Leakage in Personalized Mobile In-Apps Ads[C] // Network and Distributed System Security Symposium 2016 (NDSS 16'). San Diego，CA：Internet Society，2016.

[22] Taylor V F，Beresford A R，Martinovic I. Intra-Library Collusion：A Potential Privacy Nightmare on Smartphones[J]. arXiv preprint arXiv:1708.03520，2017.

[23] Shekhar S，Dietz M，Wallach D S. AdSplit：Separating Smartphone Advertising from Applications[C] // Security'12 Proceedings of the 21st USENIX conference on Security symposium. Bellevue，WA：USENIX Association，2012：28.

[24] Pearce P，Felt A P，Nunez G，et al. AdDroid：Privilege Separation for Applications and Advertisers in Android[C] // ASIACCS '12 Proceedings of the 7th ACM Symposium on Information，Computer and Communications Security. Seoul：ACM，2012：71-72.

[25] Seo J，Kim D，Cho D，et al. FLEXDROID：Enforcing In-App Privilege Separation in Android[C] //NDSS'16 Network and Distributed System Security Symposium. San Diego，CA：Internet Society，2016.

[26] Wang F，Zhang Y，Wang K，et al. Stay in Your Cage! A Sound Sandbox for Third-Party Libraries on Android[C]// ESORICS 2016 European Symposium on Research in Computer Security. Berlin，Heidelberg：Springer，2016：458-476.

[27] 王持恒，陈晶，苏涵，等. 基于宿主权限的移动广告漏洞攻击技术[J]. 软件学报，2018，5：1392-1409.

[28] 马凯，郭山清. 面向 Android 生态系统中的第三方 SDK 安全性分析[J]. 软件学报，2018，29(5)：1379-1391.

[29] Backes M，Bugiel S，Derr E. Reliable Third-Party Library Detection in Android and its Security Applications[C] // CCS '16 Proceedings of the 2016 ACM SIGSAC Conference on Computer and Communications Security. Vienna，Austria：ACM，2016：356-367.

[30] Derr E，Bugiel S，Fahl S，et al. Keep me Updated：An Empirical Study of Third-Party Library Updatability on Android[C]// CCS '17 Proceedings of the 2017 ACM SIGSAC Conference on Computer and Communications Security. Dallas：ACM，2017：2187-2200.

[31] Dong F, Wang H, Li L, et al. Frauddroid: Automated ad fraud detection for android apps[C]//Proceedings of the 2018 26th ACM Joint Meeting on European Software Engineering Conference and Symposium on the Foundations of Software Engineering. Lake Buena Vista, Florida: ACM, 2018: 257-268.

[32] 董枫. 移动应用广告生态系统安全分析关键技术研究[D]. 北京:北京邮电大学,2018.

[33] Google. AdMob & AdSense policies[EB/OL]. (2019-01-01)[2019-03-05]. support.google.com/admob/answer/6128543? hl=en&ref_topic=2745287.

[34] 中国通信标准化协会. 移动智能终端恶意推送信息判定技术要求:YD/T 3437-2019[S]. [2019-03-05]. www.ccsa.org.cn/bpggs/gs_content.php? id=40

[35] Google. Banner Ads[EB/OL]. (2018-12-04)[2019-03-05]. firebase.google.com/docs/admob/android/banner.

[36] Google. DoubleClick Ad Exchange Program Policies[EB/OL]. (2019-01-01)[2019-03-05]. support.google.com/adxseller/answer/2728052? hl=en.

[37] Google. App Widgets[EB/OL]. (2019-01-01)[2019-03-05]. developer.android.com/guide/topics/appwidgets/index.html.

[38] Atkinson K. Spell Checking Oriented Word Lists (SCOWL)[EB/OL]. (2018-04-15)[2019-03-05]. wordlist.aspell.net/scowl-readme/.

[39] Google. Managing WebViews[EB/OL]. (2019-01-01)[2019-03-05]. developer.android.com/guide/webapps/managing-webview.html.

第 9 章 细粒度隐私保护

很多移动应用会频繁访问用户的隐私信息,包括手机的唯一设备号、位置信息以及联系人信息等。当前的移动平台使用权限模型来控制移动应用对隐私信息的访问。然而,当前基于权限的访问控制是一个"全有或者全无"(all-or-nothing)的方案,即要么允许移动应用使用某个权限的所有行为,要么禁止移动应用使用该权限,而不能根据应用的行为来选择性地赋予其权限。移动应用使用同一权限可以有多种行为,例如使用位置信息进行地图搜索,地理位置标记,定制化广告,第三方分析等。移动用户无法了解应用是如何使用隐私信息,更不能根据其隐私偏好对隐私信息的访问进行细粒度控制。

前面章节介绍了如何检测移动应用中的各种安全和隐私问题。为了避免和减少这些问题带来的威胁,很多研究工作提出了很多方法来保护移动系统中的隐私,包括对隐私数据进行细粒度的访问控制,或者对移动系统增强来追踪隐私信息的使用和流动。本章主要介绍如何结合应用分析以及系统优化来解决移动应用中的安全和隐私问题。

之前很多研究工作可以检测隐私信息的泄露或者进行隐私保护,但是它们没有分析移动应用为什么使用隐私信息,也没有针对隐私信息使用的意图进行研究。因此,本章介绍由Wang 等人提出的基于隐私信息使用意图的细粒度访问控制框架 Edgar[1,2]。其核心思想是为用户提供一种细粒度的机制来控制隐私信息的使用,基于隐私信息使用的意图做访问控制而不是仅基于权限。用户可以根据自己的隐私偏好制定简单的访问策略。例如,用户可以制定策略允许移动应用使用位置信息来进行周边查询,但是不允许同一个应用使用位置信息做广告以及第三方分析。隐私偏好同样可以简单地表示为全局策略,例如不允许所有的第三方库使用位置信息来做第三方分析。

9.1 研究目标

为了实现基于意图的隐私信息访问控制,首先需要在运行时准确地分析隐私信息使用的意图。之前的研究工作[3~5]提出通过静态分析或者分析第三方库的使用来推断隐私信息使用的意图。例如,Lin 等人[3]对 400 个第三方库隐私信息的使用意图进行分类(如定向广告、第三方分析、社交网络等)。Wang 等人[5]通过分析反编译之后代码中的文本来分析权限使用的意图。这些研究工作都是对移动应用进行静态分析,将应用静态划分为不同部分,然后对每一部分使用隐私信息的意图进行标记。

然而,仅依赖静态分析并不能准确地在运行时进行访问控制。例如,之前的研究工作以包为粒度来静态分析该 Java 代码包中使用权限的意图,然而 Java 代码包级别过于粗粒度,因为每个包中隐私信息的使用也可能有多种意图。另外，隐私信息的访问（隐私源）及其后续的使用，直至最终通过网络发送出去（隐私泄露点），之间存在一条隐私信息泄露的路径，而静态分析很难仅通过隐私信息的访问来分析隐私信息的使用意图，同时静态分析也很难分析出隐私信息泄露的路径。除此之外，很多第三方库是通过一种间接方式来请求隐私信息，例如要求开发者在自定义代码中获取隐私信息，然后将这些隐私信息传送给第三方库，这样静态分析就更难推测隐私信息使用的意图。

Edgar 是由 Wang 等人[1]提出的基于敏感信息使用意图的隐私信息访问控制系统，通过在运行时对隐私信息使用的意图推测来进行细粒度访问控制。为了实现这个目标，通过动态污点分析技术在运行时监测隐私信息的访问和使用，以及通过动态调用栈来分析隐私信息使用的意图。动态调用栈中包含了隐私信息如何被访问以及如何被使用的隐私信息。同时，为了解决 Android 应用中多线程编程模式带来的问题以及更准确地对使用意图进行分析，Wang 等人提出了一种启发式的线程匹配方法，能够在运行时找到完整的调用栈。基于动态调用栈，采用两种互补的方法来分析意图：一种基于第三方库的方法，通过分析隐私信息是否被第三方库以及被何种第三方库访问或使用；一种基于文本的机器学习方法，从调用栈相关的方法和类中提取关键词来分析意图。

作为一个简单的例子，图 9-1 展示了当位置隐私信息将被泄露时，系统记录下的调用栈。应用“com. appon. mancala”尝试将位置信息（标记 0x11）发送给服务器。基于调用栈的信息可以看出位置信息被用在一个知名的广告库“com. mopub. mobileads”中，并且调用一些广告相关的方法，如 AdFetchTask. fetch()，因此系统能够推测出位置信息被用来做定向广告。

```
libcore.os.send(192.44.68.6) received data with tag 0x11 data=[GET/m/ad?v=6&id=a0e6a927970d44468c4c1
897d0e1e0ae&nv=3.2.2&dn=LGE%2CAOSP%20on%20Mako%2Cfull_mako&udi]
java.net.PlainSocketImpl.write(PlainSocketImpl.java:507)
└........
 └com.mopub.mobileads.AdFetchTask.fetch(AdFetchTask.java:57)
  └com.mopub.mobileads.AdFetchTask.doInBackground(AdFetchTask.java:42)
   └com.mopub.mobileads.AdFetchTask.doInBackground(AdFetchTask.java:1)
    └android.os.AsyncTask$2.call(AsyncTask.java:287)
     └java.util.concurrent.FutureTask.run(FutureTask.java:234)
      └java.util.concurrent.ThreadPoolExecutor.runWorker(ThreadPoolExecutor.java:1080)
       └java.util.concurrent.ThreadPoolExecutor$Worker.run(ThreadPoolExecutor.java:573)
        └java.lang.Thread.run(Thread.java:848)
```

图 9-1　基于调用栈来分析隐私信息使用意图

基于通俗易懂的意图分类，系统要求移动用户根据自己的隐私偏好定义基于意图的隐私控制策略，指定是否允许移动应用使用特定的隐私信息来做特定意图的行为。在隐私信息被泄露之前，系统进行根据调用栈推测隐私信息使用的意图，然后与用户的隐私控制策略进行比较，允许或者禁止隐私信息泄露。

9.2　研究背景

9.2.1　相关知识

1. 动态污点分析

很多研究工作关注于运行时的隐私保护，主要基于第 7 章中介绍的动态污点分析技术。

这种技术通过追踪敏感信息的传播与泄露来发现隐私威胁。隐私数据被标记一个污染标签(taint tag)作为污染源(taint source)。例如，API LocationManager. getLastKnownLocation()就是一个污染源，调用它将会返回最近已知的位置信息。污染标签将会随着代码中的数据流进行传播，在应用程序运行的过程中如果对污染源进行操作，那么新生成的数据也会被污染。如果有被污染的数据通过污染泄漏点(taint sink)离开设备，就发生了隐私泄露。

Edgar 访问控制系统基于第 7 章介绍的 TaintDroid 动态污点分析框架进行修改，利用 TaintDroid 来监测运行时隐私信息的使用。在隐私信息到达污染泄漏点时，系统会分析隐私信息使用的意图以及根据意图进行访问控制，允许或者禁止信息泄露。

2. 权限使用的意图

同一个移动应用可以将一个权限用于多种意图的行为中。例如，一个地图应用在获取位置权限之后，可以使用位置信息来做导航或者来做定制化广告。普通用户会毫不犹豫地允许地图应用使用位置权限，但他们并没有意识到位置信息同样被该应用中的广告库所使用。

为了提供基于意图的访问控制，首先需要在运行时准确地分析权限使用的意图。之前研究工作表明，对第三方库或者应用自定义的代码做静态分析可以分析其意图，如表 9-1 所示。Lin 等人[3,4]手动地对 400 个第三方库根据它们的功能进行分类，然后根据分类结果来标记每个库中权限使用的意图。他们将第三方库中权限使用的意图分为 9 类，如表 9-1 中“第三方库中的权限使用意图”项所示。Wang 等人[5]分析了开发者自定义代码中权限使用的意图，主要关注于两个敏感权限：位置和联系人。使用这两个权限的意图分类如表 9-1 中“应用核心代码中的权限使用意图”项所示。

表 9-1　权限使用意图分类

类别	针对权限	意图种类
第三方库中的权限使用意图[3,4]	所有权限	“广告库”,“第三方分析”,“社交网络”,“效用库”,“开发库”,“社交游戏库”,“二级市场”,“支付”,“游戏引擎”,“地图和位置服务”
应用核心代码中的权限使用意图[5]	位置权限	“周边查询”,“基于位置的定制化服务”,“交通信息”,“记录”,“地图和导航”,“基于地理位置的社交”,“地理标签”,“模拟位置”,“警告和提醒”,“基于位置的游戏”
	联系人权限	“备份和同步”,“联系人管理”,“黑名单”,“电话和短信”,“基于联系人的定制服务”,“邮件”,“查找朋友”,“记录”,“虚拟电话和短信”,“提醒”

Edgar 使用之前工作中对意图的分类[3~5]，主要关注于两个敏感权限：位置和联系人。对于第三方库的意图分类，Edgar 还加入了一个“地图”类别，主要是指一些地图库中的权限使用。系统根据动态调用栈分析隐私信息使用的意图，与之前工作相比更准确并且更细粒度。根据动态调用栈分析隐私信息能够解决之前工作中静态分析的局限，包括间接调用以及第三方库混淆等问题。除此之外，Edgar 还实现了一个基于意图进行访问控制的原型系统。

9.2.2　动机和挑战

Edgar 研究的目标是为 Android 系统提供细粒度的访问控制，即根据权限使用的意图进行访问控制。当前的 Android 系统，只要应用拥有对应权限，系统会允许应用访问隐私信息的所有行为。然而，Edgar 的目标是基于应用如何使用权限来决定是否授予其权限。对于权限使用的意图不同，用户有不同的隐私偏好以及控制策略，这也在之前的工作[3]中得到证实。

为了实现基于意图的访问控制系统，面临如下一些挑战。

（1）如何在运行时准确地分析隐私信息使用的意图

之前研究工作都是通过静态分析识别第三方库或者用户自定义代码中的敏感权限使用，然后分析其意图。所以，直观上的做法是将移动应用分割为不同的部分，然后对每一部分标记其意图。然而，仅依靠静态分析来推测意图并不十分准确。首先，在很多情况下，隐私信息的调用是间接的。例如，很多应用使用一种特别的设计模式，即它们提供了访问隐私信息的一些服务，然后应用的其余部分需要调用隐私信息时会调用这些服务[5]。另外，很多第三方库并不是直接访问隐私数据，而是要求应用开发者通过 API 来将隐私信息传递给第三方库[6]。除此之外，以 Java 代码包级别分析意图过于粗粒度，因为每个包中隐私信息的使用也可能有多种意图。因此，通过静态分析将移动应用分割为不同的部分来分析意图并不可行。

（2）如何在“恰当的时机”做隐私保护

一般来说，移动应用首先会获取隐私信息，对这些信息进行处理和使用，最后通过网络发送出去。在这个过程中，对有一些环节可以做隐私控制：1）在隐私信息获取的环节进行控制。但是在这个环节很难推测隐私信息使用的意图，尤其是当通过间接调用来访问隐私信息时。2）在隐私信息传播的过程控制，需要识别与意图相关代码的边界，从而允许或者拒绝隐私数据的传播。3）在隐私信息泄露的环节控制，可以通过隐私数据流动的路径来推测其意图从而允许或者拒绝隐私信息的发送。尽管在不同环节做访问控制分别有其优缺点，Edgar 选择在隐私信息泄露的环节进行控制。因为，在隐私信息获取或者在中间环节使用隐私信息并不一定会导致隐私信息的泄露，以及在隐私信息泄露环节做访问控制能够兼顾准确性和系统性能。

（3）如何将对现有应用的影响减小到最低

尽管以上所提的方法并不需要对应用进行修改，但系统仍然可能影响应用的功能以及性能。阻止应用对隐私信息的使用可能会影响它正常的行为。因此，如何选择性地对应用的敏感行为进行控制但是又不影响应用其他功能是存在的挑战。另外，污点追踪以及运行时的隐私访问控制都会对应用性能造成影响，为了系统的可用性需要把这些影响降到最低。

9.3 系统架构

基于意图的隐私信息访问控制系统整体架构如图 9-2 所示。首先，使用动态污点分析技术追踪隐私信息的使用和传播，这一部分基于 TaintDroid 进行修改实现。其次，在隐私泄露点构造隐私信息的调用栈，以及通过调用栈来分析隐私信息使用的意图。调用栈中包含一系列的类名以及方法名，可以用来分析隐私信息使用的意图。基于动态调用栈，一方面系统通过检查已知第三方库来分析隐私信息是否被第三方库使用，另一方面系统从调用栈中提取有意义的关键词并使用机器学习的方法来推测意图。除此之外，由于调用栈中包含的信息通常较少，以及调用栈中包名有时会被混淆，因此系统使用离线学习来帮助推测意图。离线学习会事先对移动应用进行静态分析，对每个移动应用建立一个特征档案。特征档案中包括移动应用中使用的第三方库以及从每个类中提取的关键词。运行时，根据调用栈以及移动应用的特征档案来推测隐私信息使用的意图。最后，根据推测的意图以及用户定义的隐私策略，系统会允许或者阻止隐私信息的泄露。

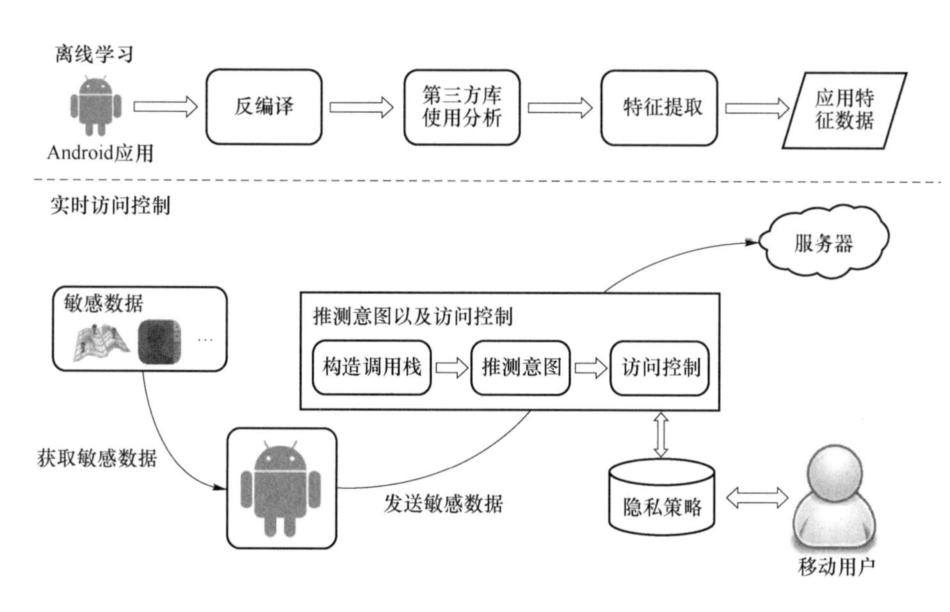

图 9-2　基于意图的隐私信息访问控制系统示意图

9.4　运行时隐私信息使用意图分析

Edgar 使用基于调用栈的方法来分析隐私信息使用的意图。通过分析调用栈，能够了解哪些类和方法使用隐私信息，以及隐私信息如何被使用，从而可以帮助分析隐私信息使用的意图。首先，需要构造完整的调用栈，然后，在系统中使用两个启发式方法来分析隐私信息使用的意图。

9.4.1　调用栈构造

一些 Java APIs(如 printCallStack())能够用来获取当前线程的调用栈。然而，大部分 Android 应用都是使用多线程模式，因此仅通过当前线程的调用栈很难获取足够的信息来分析隐私信息使用的意图。

例如，移动应用常见的设计模式是在父线程中获取隐私信息(如获取位置)，然后产生子线程并通过子线程来将数据发送给服务器。如图 9-3 所示，Yahoo 天气应用(com. yahoo. mobile. client. android. weather)是其中一个例子。该应用尝试向服务器发送位置数据(tag 0x11)。然而，在隐私泄露点获取调用栈时，仅能够得到当前子线程的调用栈，只有一些普通的网络行为，使用了 Volley HTTP 库。根据这个调用栈，完全不能分析其使用位置信息的意图。

因此，为了提高运行时分析的准确率，不仅需要获取当前线程的调用栈，还需要获取与当前线程相关的线程信息。

Android 应用中的多线程使用通常有三种模式。

(1) 模式 1：使用 Java 线程 API。Java 提供了线程类 Thread 来创建多线程的程序。父线程首先创建一个新的 Thread 实例，实现回调函数如 run()，然后通过调用方法 start()来启动子线程。

```
W/TaintLog(29926): SSLOutputStream.write(72.30.202.51) received data with tag 0x11 data=[GET
/v1/yql?q=select%20*%20from%20yahoo.media.weather.oauth%20where%20lat%3D%2240.4570758%22%20and%2]
java.io.OutputStream.write (OutputStream.java:82)
↑libcore.net.http.HttpEngine.writeRequestHeaders(HttpEngine.java:665)
  ↑libcore.net.http.HttpEngine.readResponse(HttpEngine.java:814)
    ↑libcore.net.http.HttpURLConnectionImpl.getResponse(HttpURLConnectionImpl.java:283)
      ↑libcore.net.http.HttpURLConnectionImpl.getResponseCode(HttpURLConnectionImpl.java:497)
        ↑libcore.net.http.HttpsURLConnectionImpl.getResponseCode(HttpsURLConnectionImpl.java:134)
          ↑com.android.volley.toolbox.l.a(HurlStack.java:109)
            ↑com.android.volley.toolbox.a.a(BasicNetwork.java:108)
              ↑com.android.volley.k.run(NetworkDispatcher.java:105)
```

图 9-3　多线程的调用栈示例(Yahoo 天气)

(2) 模式 2:基于 ThreadPool 的 Android 平台特定的 API。Android 通过一个线程池来管理线程,线程池的实现在类 ThreadPoolExecutor 中。大部分高级别的 Android 线程 API,如 AsyncTask 和 ScheduledThreadPoolExecutor 都是基于线程池实现。线程池管理一系列的线程以及一个任务队列,将任务按顺序分发给可用线程。这些 API 是对 Java Thread 类的封装。

(3) 模式 3:基于 Looper 的多线程 API。Looper 在 Android 中用来运行消息循环,它可以与 Handler 类一起使用来处理 UI 事件如按钮点击。在 Android 中,主线程(UI 线程)是一个消息循环线程,只有在主线程中能对 UI 进行操作,因此界面更新和数据更新是在不同线程中。主线程一直在循环等待更新数据,数据更新线程会将更新后的数据放在 Message 里面,然后通过 Handler 传递给 UI 线程进行更新。

线程与其子线程之间经常会有共享对象,因此可以通过共享对象来识别线程之间的关联以及发现相关的调用栈。为了识别线程之间的关联,系统在运行时使用一个启发式线程配对方法。

以下为代码片段 9-1"AsyncTask 的使用样例"。

```
public class AsyncTaskTest {
    public void test() {
        AsyncTask task = new MyTask();
        Object obj = Taint.source();
        task.execute(obj);
    }
}

class MyTask extends AsyncTask {
    @Override
    protected Object doInBackground (
            Object[] params) {
        Taint.sink(params);
        return null;
    }
}
```

如代码片段 9-1 所示,类 AsyncTask 中两个方法(execute 和 doInBackground)一起工作来完成异步任务,它们共享 AsyncTask 实例对象。为了使用 AsyncTask API,开发者需要实现 doInBackground 回调方法,然后调用 execute 方法开启一个异步任务。方法 execute 在父线程(调用方)中被调用,会创建一个子线程(被调用方)以及传递参数给它,然后子线程会调用 doInBackground 方法。

当在隐私泄露点(doInBackground 方法)获取调用栈信息时,只能够获取当前子线程的调用栈,父线程中一些有用的信息将会丢失。然而,这两个线程间共享的 AsyncTask 实例能够帮助找到线程之间的关联。子线程能够了解到它所执行的任务(通过查看 doInBackground 中的 this 对象)与其父线程中启动子线程的 task 对象相同。通过比较线程间的共享对象,就能够找到对应的父线程。

其余的多线程编程模式均与 AsyncTask 例子相似。因此,Edgar 提出线程匹配方法来识别线程间的共享对象。

(1) 对于使用 Java 线程 API 的多线程,调用线程与被调用线程共享子线程实例。

(2) 对于使用线程池的多线程,调用线程与被调用线程共享任务实例。

(3) 使用 Handler 的调用方线程与主线程共享 Message 实例。

为了实现多线程的调用栈构造,Edgar 修改了 Dalvik 虚拟机在运行时进行线程匹配。首先,在 Android 源码中找到三种多线程编程模式中关键的 API 以及识别共享实例。然后,对这些 API 插桩从而连接相关线程。如图 9-4 所示为使用 AsyncTask API 的线程配对实例,其中在 execute 方法之后构造一个调用方—实例连接,以及在 doInBackground 方法之前构造一个实例—被调用方连接。最终,当需要获取完整的调用栈时,仅需要通过查找这些线程与对象的连接来找到父线程,将它们的调用栈连接在一起。

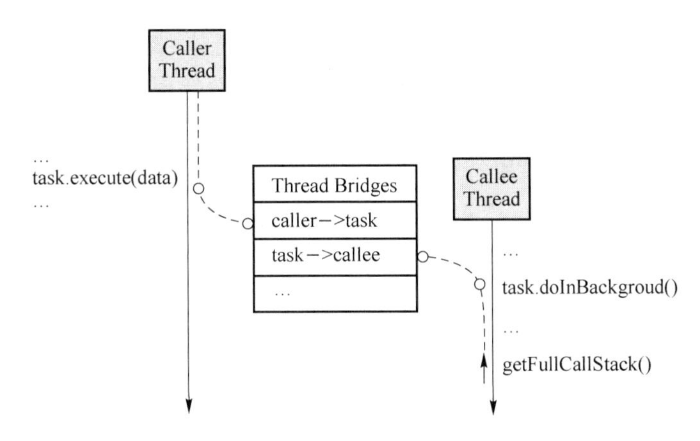

图 9-4 使用 AsyncTask API 的线程配对实例

9.4.2 基于调用栈的意图分析

基于隐私信息使用的调用栈,使用两种启发式方法来推测意图。首先,根据调用栈中所用到的类和方法,以及标记好的第三方库列表[3],分析隐私信息是否被已知的第三方库使用(如广告库等)。如果没有发现被已知的第三方库使用,则会使用基于文本的机器学习方法[5]来分析意图。通过从调用栈用到的类和方法中提取有意义的关键词,计算 TF-IDF 作为特征,然后使用机器学习分类器来分析意图。

然而，基于调用栈来推测意图存在两大挑战：

（1）研究工作[6]表明很多第三方库都存在不同程度的代码混淆，因此很难通过比较包名来识别第三方库，更不用说分析其中隐私信息使用的意图；

（2）调用栈中只包含包名、类名以及方法名，仅使用这些信息很多时候并不足够推测隐私信息使用的意图。

1. 提取应用的特征档案

为了解决以上提到的两个挑战难题，Edgar 提出使用离线分析事先为移动应用建立特征档案（app profile），然后在运行时与动态调用栈一起分析隐私信息使用的意图。离线分析从如下两方面来提取移动应用的特征档案。

（1）一方面，离线分析识别可能被混淆的第三方库。这里使用 LibRadar 来识别应用中的第三方库。它的检测原理是通过 API 特征，而不是通过比较包名来检测第三方库，因此能够应对第三方库的代码混淆问题。然后，Edgar 使用之前工作[3,4]标记好的 400 个第三方库来分析这些第三方库中隐私信息使用的意图。基于这个分类，Edgar 还补充一些新的第三方库，同时增加一个新的分类叫作"地图库"，包括一些第三方库如 OSMDroid 库。

（2）另一方面，从调用栈用到的类中提取额外的标识符名称（包括方法名和变量名等），来帮助推测意图。离线分析首先对反编译后的代码进行处理，对于每一个类都分别提取有意义的关键词。然后基于这个结果，对调用栈中的文本特征进行扩展。扩展后，调用栈的文本特征不仅包括调用栈中出现的关键词，也包括从调用栈所用到的类（域名、方法名、变量名）中提取的关键词。为了对每个类分别提取关键词，首先使用两种标识符分割方法，包括基于显式的特征以及基于词典的方法对标识符进行分割。Java 代码中的标识符经常按照驼峰式大小写进行命名，有时候通过下划线。因此，对于有显式特征的标识符，首先根据它们的命名模式将它们拆分为单独的词语。对于并没有明显构造特征的标识符，使用基于词典的方法进行分割。

2. 运行时意图分析

基于动态调用栈以及移动应用特征档案，运行时的意图分析包含以下步骤。

（1）首先基于应用特征档案，检查调用栈的隐私信息是否在第三方库中使用。如果被已知的第三方库使用，则可以根据第三方库的类别标记隐私信息使用的意图；否则，隐私信息是在开发者自定义代码中使用，需通过基于文本的方法分析。

（2）基于调用栈以及应用特征档案，识别调用栈中所用到的类，然后将这些类中的关键词合并在一起。对这些关键词计算 TF-IDF 作为特征。IDF 的计算是基于一个包含 2 000 个移动应用的语料库。

（3）最后，使用一个预先训练好的 SVM 分类器来对意图进行分类。SVM 分类器通过离线使用 500 个标记好的样本训练得到，可以完全运行在 Android 系统中。

为了提高运行时推测意图的性能，在建立应用特征档案时，系统会预先计算好每个类的 TF-IDF 特征。在运行时，当需要对一个调用栈提取特征时，首先找到其中用到的类，然后基于这些类的 TF-IDF 特征来为调用栈计算特征。例如，$f_{c1}(\text{word}_i)$是类 c 中关键词word_i 的 TF-IDF 值，$\text{Count}_c(\text{word}_i)$是类 c 中关键词 word_i 出现的频率，以及 $\text{IDF}(\text{word}_i)$是关键词 word_i 的逆向文件频率。如果调用栈包含两个相关的类 c1 和 c2，那么调用栈的 TF-IDF 特征

中关键词 word_i 的值计算如下：

$$f_{c1}(\text{word}_i)=\frac{\text{Count}_{c1}(\text{word}_i)}{\text{Total}_{c1}}\times \text{IDF}(\text{word}_i)$$

$$f_{c2}(\text{word}_i)=\frac{\text{Count}_{c2}(\text{word}_i)}{\text{Total}_{c2}}\times \text{IDF}(\text{word}_i)$$

$$f_{\text{call-stack}}(\text{word}_i)=\frac{\text{Total}_{c1}\times f_{c1}(\text{word}_i)+\text{Total}_{c2}\times f_{c2}(\text{word}_i)}{\text{Total}_{c1}+\text{Total}_{c2}}$$

3. 基于意图缓存的优化

实验中发现，很多调用栈都是重复的，意味着移动应用会向服务器多次发送相同的隐私信息。在大部分应用中，非重复调用栈数量很少（小于 10），这也为运行时系统的性能优化提供了机会。

调用栈的重复与移动应用功能以及使用的第三方库均有关系。例如，导航应用以及周边查询应用需要经常连续获取位置信息，如图 9-5 所示。应用“com. gamecastor. nearbyme”，“com. hasi. whatsnearby”，以及“com. pixelgarde. free”在运行时会连续获取用户的位置信息，高达每分钟数次，每次获取位置信息的调用栈完全相同。除此之外，一些第三方库会频繁地获取隐私信息。例如，应用“air. com. opus. M88. keno”使用“cn. domob”广告库，每分钟会向服务器发送大约 20 次位置数据。

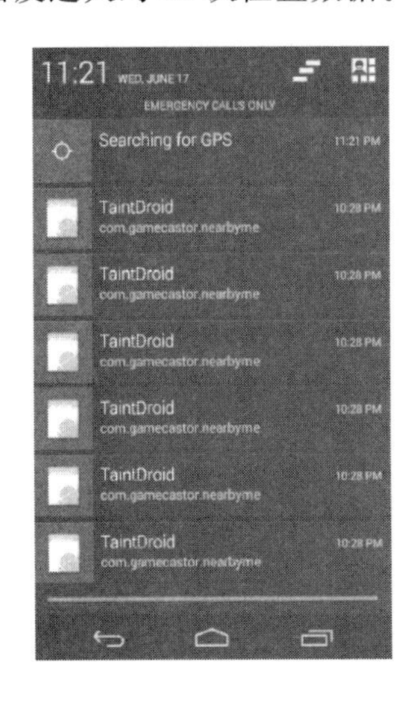

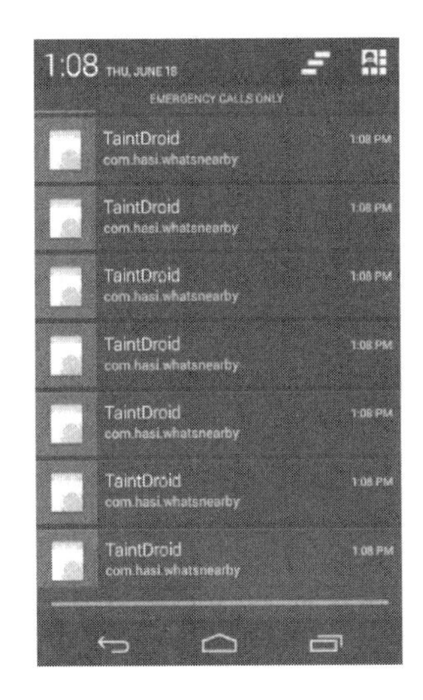

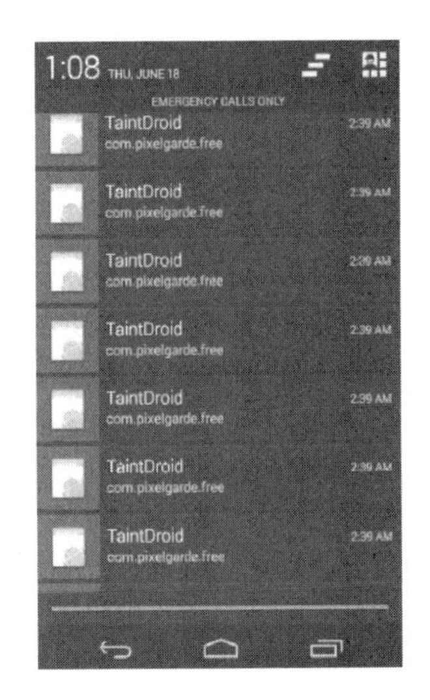

图 9-5　应用连续频繁地获取位置信息示例

如果在运行时对每个重复的调用栈都推测其意图，会造成大量的计算冗余和性能开销。为了提高运行时的性能，Edgar 提出意图缓存，旨在对调用栈的意图进行缓存，并且在处理相同调用栈时对缓存结果复用。为了对调用栈进行有效的比较，使用一个轻量级格式来表示调用栈。每个调用栈用一个四维特征向量来表示，包括目标 IP 地址、隐私数据类型、调用栈长度以及其意图。对于重复的调用栈，它们的这些属性应该相同，而对于不同的调用栈这些属性基本上不可能相同。

因此，只有当出现新的隐私信息泄露时，系统才需要推测其意图。在移动应用稳定运行的状态，大部分隐私信息使用的意图都能够从意图缓存中重用，大大减少了系统的性能开销。

9.5 基于隐私策略的访问控制

Edgar 使用动态污点分析技术来追踪隐私信息的使用和传播,在隐私泄露点(隐私信息泄露之前)进行基于意图的访问控制。

用户可以使用一个三维向量<permission, purpose, action>对所有移动应用定义全局隐私策略。表 9-2 展示了用户定义的访问控制策略实例。在这个例子中,用户定义阻止所有应用使用位置信息来做定制化广告,但是允许使用位置信息进行周边搜索。这仅是一个简单的例子,系统还可以扩展来提供更复杂的隐私控制策略,能够根据应用类别、应用名、使用权限、意图、目标 IP 地址以及是否使用 SSL 连接等属性定义细粒度访问控制策略。例如,一个用户可以阻止所有的游戏类别应用读取联系人信息。更进一步,系统还可以引入情境信息,例如在家或者在工作时来实施基于意图和情境感知的隐私访问控制。

表 9-2 访问控制策略的实例

隐私策略	描 述
<location,ads,block>	禁止使用位置信息做定制化广告
<location,nearbysearching,allow>	允许使用位置信息做周边查询

在 Edgar 的系统实现中,并没有提供用户界面(UI)来让用户制定访问控制策略。Edgar 主要关注基于意图的隐私访问控制原型系统的实现,以及进行可行性验证。在后续工作中可以设计和验证合适的用户界面(UI)帮助用户制定访问控制策略。访问控制策略同样可以集成在 Android App OPs[7] 或者其他权限管理工具如 ProtectMyPrivacy[8] 中。

Edgar 通过修改 TaintDroid[9] 来进行访问控制,使用 TaintDroid 来追踪隐私信息的使用和传播,并在隐私泄露点将应用的行为与用户定义的策略相比较。如果移动应用的敏感行为违反用户的隐私策略,系统会抛出异常(exception)来阻止数据的发送。注意,如果移动应用没有捕获并处理异常,则移动应用有可能会在运行时崩溃。

9.6 系统设计与实现

系统实现基于 TaintDroid(Android 系统版本 4.3_r1),并修改了 Android 系统架构层(framework)和运行环境。

(1) 为了构造调用栈,修改 Dalvik 虚拟机来维护一个线程与对象的对应关系。在系统实现中,对一些类中的 API 进行插桩,包括 java.lang.Thread,java.util.concurrent.ThreadPoolExecutor 和 android.os.Handler。

(2) 为了在运行时推测隐私信息使用的意图,在 Android libcore 中实现了基于第三方库的方法以及基于文本挖掘技术的机器学习方法。系统使用 SVM 算法来做分类,SVM 的实现是基于 LIBSVM 的。共使用 2 000 个应用作为语料库来计算 TF-IDF,以及使用已经标记了 500 个使用位置权限的样本离线训练的一个分类器并将其集成到 Android 系统中。

(3) 使用 TaintDroid 进行隐私信息的追踪。在隐私信息泄露点进行插桩,检查隐私信息泄露的目标 IP 地址，隐私标签，以及基于调用栈来推测意图。通过与用户定义的策略相比较，系统会允许或者阻止隐私信息的泄露(抛出异常)。

通过 Wang 等人[1,2]对 830 个流行 Android 应用的实验表明，所实现的 Edgar 原型系统能够准确地推测出超过 90%的隐私信息使用意图，能够基于用户的隐私策略进行访问控制，同时没有带来较大的性能开销。

9.7 本章小结

本章主要介绍如何结合移动应用程序分析以及系统优化来解决安全隐私问题。作者以基于意图的隐私信息访问控制系统的设计为例，讲述了研究过程中遇到的问题以及需要解决的挑战难题。为了实现基于意图的细粒度访问控制，系统使用动态污点分析技术在运行时监测隐私信息的使用和传播，以及通过动态调用栈来分析隐私信息使用的意图。为了解决 Android 应用中多线程编程模式带来的问题以及更准确地对意图进行分析，系统使用一种启发式的线程匹配方法，能够在运行时找到完整的调用栈。基于动态调用栈，提出了两个互补的方法来分析意图：一种基于第三方库的方法，分析隐私信息是否被第三方库访问或使用；一种基于文本特征的机器学习方法，从调用栈使用到的方法和类中提取关键词来分析意图。本章的内容属于移动应用分析技术的综合应用，希望读者在学习完本章之后能够有所启发。

本章参考文献

[1] Wang Haoyu, Li Yuanchun, Guo Yao, et al. Understanding the Purpose of Permission Use in Mobile Apps[J]. ACM Trans. Inf. Syst., 2017, 35(4): 43:1-43:40.

[2] 王浩宇. 移动应用权限分析与访问控制关键技术研究[D]. 北京：北京大学, 2016.

[3] Lin Jialiu, Amini S, Hong J I, et al. Expectation and Purpose: Understanding Users' Mental Models of Mobile App Privacy Through Crowdsourcing[C]//Proceedings of the 2012 ACM Conference on Ubiquitous Computing. Pittsburgh: ACM, 2012: 501-510.

[4] Lin Jialiu, Liu Bin, Sadeh N, et al. Modeling Users' Mobile App Privacy Preferences: Restoring Usability in a Sea of Permission Settings[C]//Proceedings of the 10th USENIX Conference on Usable Privacy and Security. Menlo Park: USENIX Association, 2014: 199-212.

[5] Wang Haoyu, Hong J I., Guo Yao. Using Text Mining to Infer the Purpose of Permission Use in Mobile Apps[C]//Proceedings of the 2015 ACM International Joint Conference on Pervasive and Ubiquitous Computing. Osaka: ACM, 2015: 1107-1118.

[6] Liu Bin, Liu Bin, Jin Hongxia, et al. Efficient Privilege De-Escalation for Ad Libraries in Mobile Apps[C]//Proceedings of the The 13th International Conference on Mobile Systems, Applications, and Services. Florence: ACM, 2015: 89-103.

[7] Sims G. App Ops[EB/OL]. (2013-12-16)[2019-03-15]. http://www.androidauthority.com/app-ops-need-know-324850/.

[8] Agarwal Y, Hall M. ProtectMyPrivacy: Detecting and Mitigating Privacy Leaks on iOS Devices Using Crowdsourcing [C] // Proceeding of the 11th Annual International Conference on Mobile Systems, Applications, and Services. Taipei: ACM, 2013: 97-110.

[9] Enck W, Gilbert P, Chun B G, et al. TaintDroid: An Information-flow Tracking System for Realtime Privacy Monitoring on Smartphones[C]// Proceedings of the 9th USENIX Conference on Operating Systems Design and Implementation. Vancouver: USENIX Association, 2010: 393-407.

第10章 研究挑战和未来方向

前面章节讲述了移动应用安全分析技术和基本应用场景。总体来看，移动应用生态系统的发展正在逐步走向一个良好的趋势。如图10-1所示，为了构建一个更好的移动应用生态系统，作者认为需要从以下几个方面进行努力。

(1) 从应用市场角度：需要采用更高级的审查功能过滤盗版应用和恶意应用，建设可信度更高的应用分发渠道。

(2) 从应用分析角度：面向新型安全威胁和恶意应用，需要研究更好的应用分析技术和恶意应用检测方法。

(3) 从第三方服务商（第三方库等）角度：一方面，需要研究更好的方法检测第三方服务带来的安全隐私问题；另一方面，需要检测广告欺诈等恶意行为来避免给第三方服务商造成经济损失。

(4) 从移动用户角度：帮助用户更好地理解安全隐私风险和管理隐私数据。

(5) 从智能终端角度：需要增加系统级别的安全防护，如提供细粒度的访问控制以及定制化安全ROM。

(6) 从开发者角度：一方面，将最新的安全分析技术集成到移动应用开发IDE中，帮助开发者构建更安全和可靠的移动应用；另一方面，利用智能化技术识别恶意开发者和垃圾开发者，从源头降低移动应用的安全威胁。

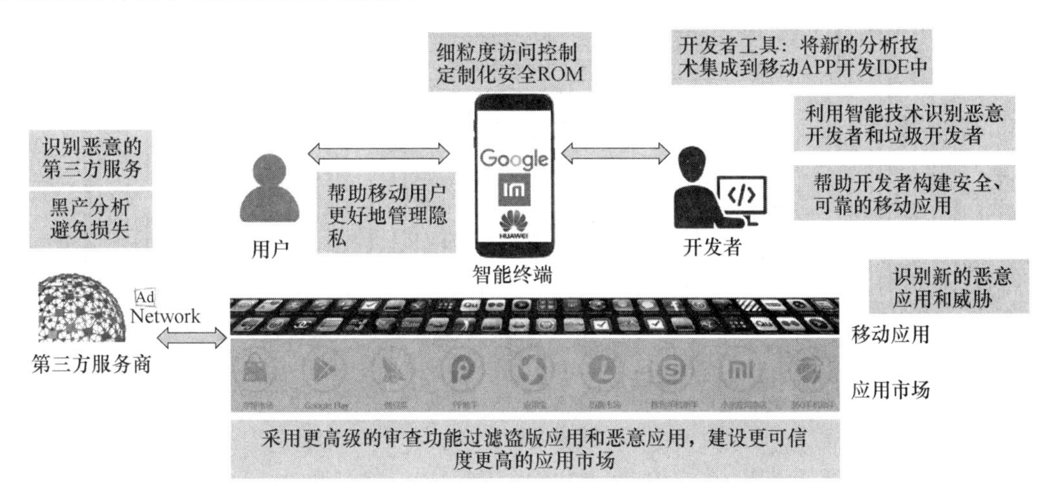

图10-1 构建一个更好的移动应用生态系统

然而，移动安全领域目前仍然有一些挑战难题待解决，也是学术界和工业界的研究方向。接下来，作者从不同角度分析移动安全领域的研究挑战和未来方向，供读者参考。

10.1 静态分析的研究挑战

10.1.1 原生代码的分析

之前移动应用的研究工作主要关注于Java层的代码分析，然而，如今的Android应用已经不同于数年前，大部分应用使用了Native原生代码，尤其是在游戏应用中比例更高。原生代码给安全分析带来的挑战主要存在于以下几个方面。

(1) Android应用静态分析若不考虑原生代码，则程序分析所得的结果是不完整的。例如，在做控制流分析或者数据流分析时，如果只分析Java层的代码调用，则原生代码中的敏感行为不能被考虑进来，导致分析出的敏感信息流不完整，不能发现恶意行为。原生代码的程序分析难度较大，需要在传统C/C++二进制程序分析的基础之上考虑Android应用的特性，以及对Android JNI调用进行单独处理。此外，在做应用克隆分析等研究时，原生代码占据了应用中相当大的代码比重，尤其是在游戏应用中，核心代码均在原生so文件中。因此，忽略原生代码的分析将会带来很多误报和漏报。

(2) 很多恶意应用将恶意行为隐藏在原生代码中，并且原生代码的混淆给恶意应用分析带来了非常大的挑战。例如，著名的towelroot漏洞，在原生代码级别进行利用并且使用O-LLVM进行了大量混淆。图10-2展示了towelroot其中一个函数的控制流图。安全研究人员花费了很大的精力和时间去分析混淆之后的原生代码。

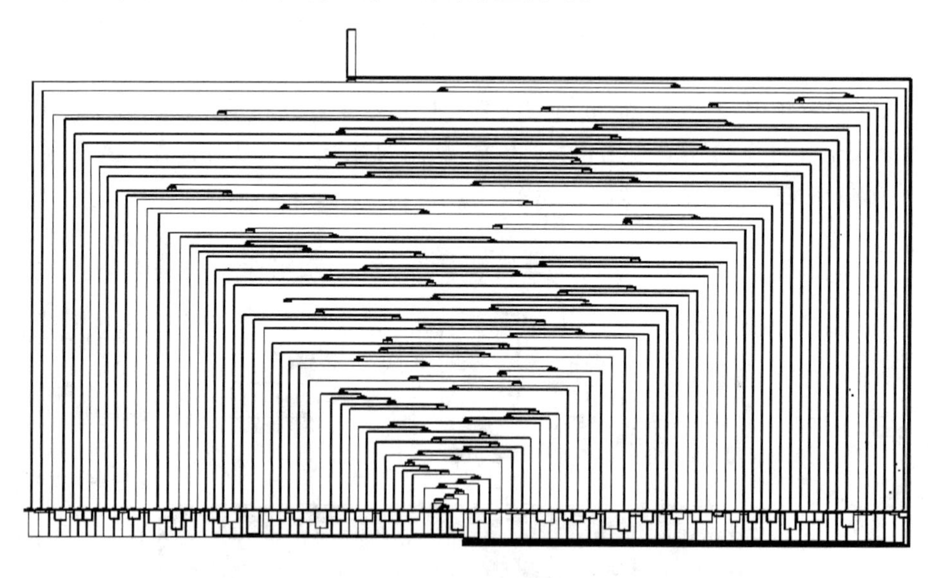

图10-2 towelroot中一个函数的控制流图示例

(3) 原生代码中也有很多第三方库，这些第三方库同样存在很多安全漏洞和版权许可问题。如何像Java层第三方库一样对这些原生第三方库进行检测和分析，也是研究的重点和难点之一。

10.1.2 代码混淆和应用加固

在安全分析技术发展的同时，也推动了安全防护技术的发展，如应用混淆(Obfuscation)技术、新兴的加固(Reinforcement)技术等，这些安全防护技术在一定程度上对应用安全分析带来了挑战。

1. 静态混淆技术

静态混淆技术可分为结构混淆、数据混淆和控制流混淆三种。早期代码混淆的研究主要针对静态混淆方法尤其是控制流混淆方法进行研究，典型的控制流混淆方法包括压扁控制流混淆、不透明谓词断言混淆等。Android 中有一些常用的混淆工具，Java 层混淆包括 Proguard、DexProtector 等，Native 层混淆主要是 O-LLVM。

2. 动态混淆技术

随着逆向工程的发展，静态混淆算法无法满足混淆代码保护软件的要求，动态混淆技术应运而生。动态代码混淆技术的基本思想是在代码加载运行时进行实时代码混淆转换，使代码和执行路径时刻处于不停的变化之中，在有效地抵御静态代码分析的同时，对动态程序分析也具有一定的抵御效果。

3. 应用加固

加固技术结合了加壳技术和加密技术，是代码混淆技术的一种特殊应用。加固技术并不对软件代码本身做语义变换，而是将可执行程序作为数据内容，直接对其进行整个或分段保护。加固技术，会在应用的入口点添加一段防止逆向或调试等手段的壳程序，应用运行过程中，壳程序优先执行，释放、加载并运行被保护的原始二进制程序，保证应用的安全性。目前，市面上有数十种移动应用安全加固工具，包括梆梆加固、爱加密、360 加固宝等。Android 应用的加固主要分为四个不同级别强度：(1) 应用文件的资源保护，包括 dex 文件保护(替换，结构修改，加密)、so 文件加密、资源文件保护、文件校验保护等；(2)应用运行时保护，如防动态调试、虚拟机检测等；(3)针对各类反编译、破解、脱壳工具的对抗技术，如对抗静态分析工具 apktool，对抗动态调试工具 IDA，对抗脱壳工具 DexHunter 等；(4) vmp 虚拟机保护技术，即通过自行设计虚拟机，改变指令集，从而使各种逆向手段失效。

综上，对于一些较为复杂的混淆技术，如复杂的控制流混淆方法、动态混淆方法等，在混淆前后，可执行程序的控制流发生非常明显的变化；而加固技术将原始二进制代码直接作为数据部分进行动态加载，原始二进制代码往往被加密、编码等手段保护，安全分析技术无法得到原始指令代码片段。

因此，若恶意应用使用复杂的代码混淆技术或者应用加壳技术之后，静态分析往往会失效，即根本无法分析其敏感行为。虽然目前也有一些脱壳相关研究和工具，但非常难做到自动化脱壳，并且对于一些定制化加壳应用，人工脱壳也存在相当大难度的挑战。

10.2 动态分析的研究挑战

移动应用自动化测试的研究挑战除了第 7 章中提到的如下几点：(1) 特殊 UI 界面的自动化测试(登录界面和解锁手势等)；(2)文本输入的构造；(3)很多输入类型难以模拟(传感器、文件、相机和麦克风等)等难点以外，主要的研究挑战是游戏应用的自动化测试问题。一方面，游戏应用中大部分控件并非 Android 系统控件，而是很多游戏开发引擎或者开发者自定义控件，因此传统的应用自动化分析工具（如分析 UI 页面控件等基于模型的测试工具）无法正常对游戏进行应用测试，需要依赖图像匹配、物体识别等计算机视觉技术的支持。另一方面，不像其他 Android 应用，游戏应用中非常难覆盖较多的 UI 界面（例如很难自动化通过一些关卡），因此也很难触发一些恶意应用的行为。

10.3 新型安全威胁

近年来，移动应用生态系统也不断出现一些新型安全威胁，给移动安全分析带来新的挑战。作者在这里列举四类很难自动化检测的例子，包括内容安全欺诈、新型恶意应用及对抗技术、新型恶意应用传播渠道以及灰色应用。

10.3.1 内容安全欺诈

传统的移动应用欺诈是通过恶意扣费、虚假广告点击进行牟利，然而，更多的新型欺诈技术也不断出现于移动应用生态系统中。例如，广东警方在 2018 年年初破获一起通过欺诈约会应用进行诈骗的案件，涉案金额高达数亿元人民币。

欺诈约会应用是一种新型的基于内容欺诈的恶意应用，如图 10-3 所示。在用户登录之后会有很多周围的美女打招呼。这些美女用户通常是“机器人”，因此聊天内容不相关。此外，用户只能发有限条信息，更多信息需要开通会员服务。

之前研究工作大部分基于应用代码和动态敏感行为进行分析，然而对于应用中的内容安全比较少涉及。如何自动化检测新型内容安全欺诈，也是研究挑战以及未来的一个方向。

图 10-3　新型内容欺诈示例

10.3.2　新型恶意应用及对抗技术

很多新型恶意应用不断出现，例如最近比较火热的挖矿类恶意应用。此外，很多恶意应用中使用高级的对抗技术来逃逸安全分析攻击的检测。除了传统的混淆特征、隐藏敏感行为、设置复杂的恶意行为触发条件等逃逸技术以外，一些恶意应用也逐步利用高级手段来逃逸检测。例如，目前很多杀毒引擎中集成了深度学习框架，一些恶意应用通过利用深度学习对抗技术来对抗引擎以逃脱检测。如何应对这些新的恶意应用以及检测新型逃逸技术是研究的重点。

10.3.3　新型恶意应用传播渠道

除了传统的通过应用市场进行传播恶意应用外，目前一些新的恶意应用传播渠道也逐渐活跃。研究发现恶意应用可以在广告库中进行推广，以及应用中的推送服务也成了传播恶意应用的渠道。例如，积分墙广告是一种很影响用户体验的广告形式，对于嵌入积分墙广告的应用，用户必须点击下载安装在积分墙中推广的应用之后才能正常使用，而一些恶意应用会选择通过这种渠道来感染用户。由于这些恶意应用传播渠道中的内容是动态变化的，因此较难自动化发现其中的恶意行为。

10.3.4　灰色应用

还有很多应用属于灰色应用，即介于正常应用和恶意应用之间，如具有模糊扣费、功能欺诈等行为。如图 10-4 所示，很多应用通过应用内收费赚钱，利用游戏中的礼包、道具等吸引用户的信息，将扣费提示放在特别不起眼的位置，使得用户很难发现。尤其是在儿童用户玩游戏时，很容易无意中就造成了扣费点击。

图 10-4　模糊扣费示例

10.4 移动应用的黑色产业链

另外一个值得研究的方向是移动应用的黑色产业链。恶意开发者制造恶意应用的成本较低，经常通过重打包的方式可以同时发布上百款甚至上千款恶意应用。很多恶意应用的开发已经成为一条黑色产业链。例如，在 2017 年 Android 平台锁机恶意应用爆发的时候，制作锁机应用的软件在各大地下网站甚至 QQ 群等渠道传播。另一个例子，目前大部分的间谍软件都是通过第三方 Android RAT (Remote Administration Tool)开发工具(框架)进行开发。RAT 指的是一种特殊的恶意软件通过一个客户端组件感染用户电脑，随后与服务器开始通信，允许攻击者从目标窃取数据和对终端用户实施监控。目前 Android 平台常用的 RAT 框架包括 DroidJack、SpyNote、AndroidRAT 等。因此，如何自动化识别恶意应用的开发框架以及追溯其背后的黑色产业链是检测恶意应用的关键所在。

10.5 本章小结

本章作者总结了目前针对移动安全相关研究的挑战及未来的发展方向。希望读者在阅读完本内容之后，能够对当前移动应用安全分析的研究热点和难点有一个清晰的认识，也希望能够为移动应用生态的健康发展做出贡献。